YUANLIN SHUMU SHIBIE
YU YINGYONG
(BEIFANG DIQU)

园林树木识别与应用
（北方地区）

张咏新　张秀丽　贾大新　主编

中国林业出版社
CFPH China Forestry Publishing House

主　编： 张咏新（辽宁农业职业技术学院）
张秀丽（辽宁农业职业技术学院）
贾大新（辽宁农业职业技术学院）

副主编： 赵思金（辽宁营口经济技术开发区园林管理处）
云丽丽（辽宁省林业科学研究院）

参　编： 张永纯（辽宁营口经济技术开发区园林绿化工程处）
王克闯（辽宁营口经济技术开发区园林绿化工程处）

图书在版编目（CIP）数据

园林树木识别与应用：北方地区 / 张咏新，张秀丽，贾大新主编．
-- 北京：中国林业出版社，2020.2

ISBN 978-7-5219-0518-2

Ⅰ．①园… Ⅱ．①张… ②张… ③贾… Ⅲ．①园林树木－识别
②园林树木－应用 Ⅳ．① S68

中国版本图书馆 CIP 数据核字 (2020) 第 049885 号

责任编辑： 贾麦娥
出版发行： 中国林业出版社
（100009 北京西城区刘海胡同 7 号）
http://www.forestry.gov.cn/lycb.html
电　　话： 010-83143562
印　　刷： 固安县京平诚乾印刷有限公司
版　　次： 2020 年 5 月第 1 版
印　　次： 2020 年 5 月第 1 次
开　　本： 710mm × 1000mm　1/16
印　　张： 16
字　　数： 211 千字
定　　价： 79.00 元

前言

绿色是21世纪城市的生命和文明的标志，随着社会的发展，人们对环境质量的要求越来越高，园林作为生态环境建设的主要内容，人们更加重视其生态效益和艺术效果，而园林树木在园林建设中的重要作用是显而易见的，每一种园林树木都有自己独特的生物属性和生态习性，在园林中合理应用园林树木，不但能充分发挥其生态效益，同时给人以美的享受。

本书结合近几年园林行业发展的需要，针对北方园林中常见的园林树木进行编写，顺应行业发展和园林教育改革发展的要求，做到科学、先进、实用。本书的特点如下：

1. 内容简明扼要，实用性强。内容以“够用”为标准，结合北方园林树种应用为主的特点，按园林应用类别分为乔木、灌木和藤本三大类，具体分为常绿乔木、落叶乔木、常绿灌木、落叶灌木、木质藤本等五部分，分别重点介绍了北方常见的园林树木。

2. 图文并茂，通俗易懂。本书精选了212种（包括变种、变型及栽培种）当前主流园林树木，共配有1700余幅图片，每个树种的树皮、枝、芽、叶、花、果实和园林应用等分别配有清晰图片和文字描述，使读者较轻松地按需要，有针对性地学习识别或鉴别园林树种。

本书由辽宁农业职业技术学院张咏新、张秀丽、贾大新担任主编，辽宁营口经济技术开发区园林管理处赵思金、辽宁省林业科学研究院云丽丽担任副主编。编写人员完成内容如下：张咏新—落叶乔木；张秀丽—落叶灌木；贾大新—常绿乔木；赵思金—木质藤本；云丽丽—常绿灌木。此外，张永纯、王克闯参与了部分内容的整理工作。全书最后由张咏新统稿。本书编写中参考了有关单位和学者的文献资料，在此一并致以衷心的感谢。

由于编者水平有限，疏漏和不足之处，恳请使用本书的读者提出宝贵意见。

编者

2019年12月

目 录

常绿灌木

落叶灌木

木质藤本

常绿乔木
EVERGREEN ARBOR

白皮松

Pinus bungeana

科属：松科松属

别名：白骨松、三针松、白果松、虎皮松、蟠龙松

形态：常绿乔木，高可达30m，树冠为阔卵形。树皮淡灰绿色或粉白色，不规则鳞片状脱落。一年生枝灰绿色，无毛；冬芽红褐色，卵圆形，无树脂。针叶3针一束，粗硬，长5~10cm，叶背及腹面两侧均有气孔线，先端尖，边缘有细锯齿；横切面扇状三角形或宽纺锤形；叶鞘脱落。花期4~5月，雄球花卵圆形或椭圆形，长约1cm，多数聚生于新枝基部，呈穗状。球果通常单生，初直立，后下垂，成熟前淡绿色，熟时淡黄褐色，卵圆形或圆锥状卵圆形，长5~7cm，径4~6cm，有短梗或几无梗；鳞盾多为菱形，横脊显著，鳞脐背生，有三角状短尖刺。种子灰褐色，近倒卵圆形，长约1cm，径5~6mm，种翅短，赤褐色，有关节易脱落，长约5mm；球果翌年10~11月成熟。

分布与习性：白皮松为中国特产，是东亚唯一的三针松，在陕西蓝田有片林，各地多栽培。喜光，稍耐阴，幼树略耐半阴，耐寒性不如油松，喜排水良好而又适当湿润的土壤，耐干旱。深根性，寿命长。

园林应用：白皮松是中国特产的珍贵树种，树干皮呈斑驳状的乳白色，极为醒目，衬以青翠的树冠，可谓独具奇观，可作孤植，团植成林，或列植成行，或对植堂前。

华山松

Pinus armandii

科属：松科松属

别名：青松、五须松

形态：常绿乔木。树高达35m。树冠阔圆锥形，幼树树皮灰绿色，老树树皮呈方块状固着树上。小枝平滑无毛，绿色或灰绿色，微被白粉；冬芽近圆柱形，褐色，微具树脂，芽鳞排列疏松。叶5针一束，长8~15cm，柔软，边缘锯齿较细，树脂道多为3，中生或背面2个边生，腹面1个中生，叶鞘早落。雄球花黄色，卵状圆柱形，基部围有近10枚卵状匙形的鳞片，多数集生于新枝下部，呈穗状，排列较疏松。球果圆锥状长卵形，成熟时黄色或褐黄色，成熟时种鳞张开，种子脱落。种子无翅，黄褐色、暗褐色或黑色，倒卵圆形，长1~1.5cm，径6~10mm。花期4~5月，球果翌年9~10月成熟。

分布与习性：生于海拔1000~3000m处，中国南北均有分布。喜光，幼苗稍耐阴，喜温和凉爽、湿润气候，耐寒力强，喜排水良好，不耐盐碱土。

园林应用：华山松高大挺拔，针叶苍翠，冠形优美，生长迅速，是优良的庭园绿化树种，可作园景树、庭荫树、行道树及林带树。

油松

Pinus tabuliformis

科属：松科松属

别名：短叶松、短叶马尾松、东北黑松

形态： 常绿乔木。树冠幼年塔形或圆锥形，中年树卵形，孤立老年树的树冠平顶，呈扁圆形或伞形等。干粗壮直立，有时也能长成弯曲多姿的树干。树皮灰棕色，鳞片状开裂，裂缝红褐色。冬芽红褐色。叶2针一束，长直，长10~15cm，树脂道边生。雄球花圆柱形，长1.2~1.8cm，在新枝下部聚生成穗状。球果卵形或卵圆形，长4~9cm，熟时淡黄或淡黄褐色，宿存多年；种鳞的鳞盾肥厚，横脊显著，鳞脐有刺。

分布与习性： 分布于吉林南部、华北、西北等地。喜光，幼苗能在林下生长，强健而耐寒，对土壤要求不严，不耐盐碱，为深根性树种，寿命长。油松的吸收根上有共生的菌根，引种栽植需要注意。

园林应用： 树干挺拔苍劲，四季常青，树冠开展，老枝斜生，枝叶婆娑，苍翠欲滴，有庄严肃静、雄伟宏博的气势，象征坚贞不屈，可作丛植、群植，树形好的可作孤植。

樟子松

Pinus sylvestris var. *mongolica*

科属：松科松属

别名：海拉尔松、蒙古赤松、西伯利亚松、黑河赤松

形态：常绿乔木，树冠幼时尖塔形，老时圆或平顶。老树皮较厚有纵裂，黑褐色，常鳞片状开裂；树干上部树皮很薄，褐黄色或淡黄色，薄皮脱落。轮枝明显，一年生枝淡黄色，大枝基部与树干上部的皮色相同。芽圆柱状椭圆形或长圆卵状不等，尖端钝或尖，黄褐色或棕黄色，表面有树脂。叶2针一束，稀有3针，刚硬扭曲且短，树脂道7~11条，冬季叶变为黄绿色。花期5月中旬至6月中旬，雄球花圆柱状卵圆形，长5~10mm，聚生新枝下部，长3~6cm。一年生球果下垂，绿色，长卵形，第三年春球果开裂，鳞脐小，疣状凸起，有短刺，易脱落，每鳞片上生2枚种子，种翅为种子的3~5倍长，种子大小不等。

分布与习性：产于中国黑龙江大兴安岭海拔400~900m山地及海拉尔以西、以南的沙丘地区。喜光，耐寒性强，能忍受-40~-50℃低温，旱生。

园林应用：适于作丛植、群植。

形态对比

树皮灰棕色，鳞片状开裂，裂缝红褐色

树干上部树皮很薄，褐黄色或淡黄色，薄皮脱落

2针一束，长直

2针一束，稀有3针，刚硬、扭曲且短

球果卵形或卵圆形

球果长卵形

油松　　樟子松

北美乔松

Pinus strobus

科属：松科松属

别名：美国白松、美国五针松

形态：常绿大乔木，高可达30m，冠宽10m，小树圆锥形，大树接近圆柱形，树皮暗灰褐色，块状裂片状脱落，轮生枝，枝干呈略向上扬状，枝干大多呈45°，小枝绿褐色，初时有毛，后脱落。冬芽卵圆形，渐尖，稍有树脂；叶5针一束，蓝绿色，叶细而柔软，雄花卵圆形，顶部尖锐，花长0.5cm左右，黄色；球果光滑，圆柱形下垂。种子有长翅。花期4~5月，果实于翌年秋季成熟。

分布与习性：原产北美，中国辽南熊岳、旅顺、北京、南京等地有引种栽培。耐寒、耐旱；喜阳光充足的环境，稍耐阴，对土壤要求不严格，但以疏松肥沃、排水良好的微酸性砂质土壤为佳。

园林应用：北美乔松株形美观，针叶纤细柔软，观赏价值较高，可孤植、丛植、列植于路旁、草坪边缘等地。

常绿乔木

日本五针松

Pinus parviflora

科属：松科松属

别名：五钗松、日本五须松、五针松

形态：常绿乔木，树冠圆锥形；幼树树皮淡灰色，平滑，大树树皮暗灰色，裂成鳞片状脱落；枝平展，一年生枝幼嫩时绿色，后呈黄褐色，密生淡黄色柔毛；冬芽卵圆形，无树脂。针叶5针一束，微弯曲，长3.5~5.5cm，叶鞘早落。花粉红色，雄球花聚生新枝下部；雌球花聚生新枝端部。球果卵圆形或卵状椭圆形，几无梗，熟时种鳞张开，鳞盾淡褐色或暗灰褐色，近斜方形，先端圆，鳞脐凹下，种子有翅，为不规则倒卵圆形。

分布与习性：中国南北各地引种栽培。喜光，较耐阴，喜生于深厚、排水良好的土壤，生长速度缓慢，不耐移植。

园林应用：树形美观，观赏价值较高，可作行道树、园景树。

雪松

Cedrus deodara

科属：松科雪松属

别名：喜马拉雅松

形态：常绿乔木。树冠塔形。树皮深灰色，裂成不规则的鳞片状。大枝平展，小枝常下垂。叶针状，灰绿色，幼时被白粉，在长枝上互生，在短枝上簇生。雌雄异株。雄球花长卵圆形或椭圆状卵圆形，长2~3cm，径约1cm；雌球花卵圆形，长约8mm，径约5mm。球果成熟前淡绿色，微有白粉，果熟时红褐色，卵圆形或宽椭圆形，顶端圆钝，有短梗；中部种鳞扇状倒三角形，上部宽圆，边缘内曲，中部楔状，下部耳形，基部爪状；种子近三角状，种翅宽大，较种子为长。花期10~11月，果实翌年10月成熟。

品种：有银梢雪松、银叶雪松、金叶雪松、直立雪松、垂枝雪松等。

分布与习性：分布于阿富汗至印度，海拔1300~3300m地带。北京、旅顺、大连、青岛、江浙等地已广泛栽培。喜阳光充足，也稍耐阴，喜温和凉润气候和上层深厚而排水良好的土壤。

园林应用：雪松树体高大，树形优美，为世界著名观赏树，常作独赏树、列植树。

红皮云杉

Picea koraiensis

科属： 松科云杉属

别名： 虎尾松

形态： 常绿乔木，树冠尖塔形或圆锥形。树皮灰褐色、淡红褐色或灰色，裂成不规则薄条片脱落，裂缝常为红褐色。枝条轮生，小枝上有明显的叶枕。一年生枝黄色、淡黄褐色或淡红褐色；冬芽圆锥形，淡褐黄色或淡红褐色，芽鳞在小枝基部宿存，先端向外反曲，明显或微明显。叶条形四棱，先端尖，上下两面中脉突起，横切面菱形，四面有气孔线。雌雄同株。球果圆柱形，生于枝顶，下垂，当年成熟。

分布与习性： 中国大兴安岭、小兴安岭、张广才岭、长白山、内蒙古等地的山地有分布。耐寒，有一定的耐阴性，喜冷凉湿润气候，浅根性，要求排水良好，喜微酸性深厚土壤。

园林应用： 树冠尖塔形，苍翠壮丽，材质优良，生长较快，可作行道树和风景林等。

青杆

Picea wilsonii

科属： 松科云杉属

别名： 杆松、细叶云杉

形态： 常绿乔木，高达50m。树冠圆锥形，一年生小枝淡黄绿、淡黄或淡黄灰色；冬芽卵圆形，无树脂，芽鳞排列紧密，小枝基部宿存的芽鳞不反卷（与同属其他植物的重要区别）。叶较细，较短，长0.8~1.3（1.8）cm，横断面菱形或扁菱形，各有气孔线4~6条。球果卵状圆柱形或圆柱状长卵形，成熟前绿色，熟时黄褐色或淡褐色，长4~8cm，径2.5~4.0cm。花期4月，球果10月成熟。

分布与习性： 中国特产树种。分布于东北、内蒙古、河北、陕西、湖北、甘肃、青海等地。性强健，适应力强，耐阴性强，耐寒，喜凉爽湿润气候，在500~1000mm降水量地区均可生长，喜排水良好、适当湿润之中性或微酸性土壤，但在微碱性土中亦可生长。在自然界中有纯林，亦常与白桦、白杆、红桦、臭冷杉、山杨等混生。

园林应用： 青杆树形整齐、枝叶细密，下部枝条不脱落，是优美的园林绿化树种，可作独赏、行道树或丛植。

树冠

芽鳞

球果

叶

冬芽

园林应用

白杄

Picea meyeri

科属： 松科云杉属

别名： 麦氏云杉、毛枝云杉

形态： 乔木，高约30m，树冠狭圆锥形。树皮灰色，呈不规则薄鳞状剥落，大枝平展，一年生枝黄褐色。冬芽圆锥形，褐色，稍具树脂，上部芽鳞微向外反曲，小枝基部宿存的芽鳞先端微反曲或开展。叶四棱状条形，横断面棱形，弯曲，长1.3~3cm，宽约2mm，先端钝或钝尖，呈有粉状青绿色。球果成熟前绿色，成熟时褐黄色，长圆状圆柱形，长6~9cm，径2.5~3.5cm；中部种鳞倒卵形，长约1.6cm，宽约1.2cm，先端圆或钝三角形，鳞背露出部分有条纹。花期4月，球果9月下旬至10月上旬成熟。

分布与习性： 中国华北地区应用多，各地引种栽培。耐寒，耐阴，喜空气湿润气候，喜生于中性及微酸性土壤。为浅根性树种。

园林应用： 白杄树形整齐、叶色美丽，是优美的园林绿化树种，可作独赏、行道树或丛植。

形态对比

冬芽圆锥形，淡褐黄色或淡红褐色，具树脂

冬芽卵圆形，无树脂

冬芽圆锥形，褐色，稍具树脂

芽鳞在小枝基部宿存，先端向外反曲

小枝基部宿存的芽鳞不反卷

小枝基部宿存的芽鳞先端微反曲或开展

叶长1.3~2.5cm，条形四棱，先端尖

叶较细，较短，长0.8~1.3cm

叶长1.3~3cm，先端钝或钝尖，呈有粉状青绿色

红皮云杉　　青杆　　白杆

蓝杉

Picea pungens var. *glauca*

科属：松科云杉属

别名：蓝杉、北美蓝杉、锐光北美云杉

形态：常绿针叶乔木。株高可达9~18m，冠幅3~6m，树形呈圆锥形至尖塔形，树皮灰褐色或淡红褐色，一年生枝黄色；冬芽圆锥形，淡褐黄色，芽鳞先端向外反曲，枝条紧凑；针叶条形四棱，蓝色至蓝绿色。球果长卵形，长7~12cm，成熟时黄褐色至褐色。

分布与习性：原产于北美，目前，中国东北、内蒙古、河北、山东、山西、甘肃等地均有引种栽植。喜冷凉气候，喜阳光充足，耐半阴，在湿润、肥沃和微酸性土壤中生长良好。耐寒、耐旱、耐移植，稍耐贫瘠，抗逆性强，忌高热和污染。

园林应用：蓝杉树形优美、叶色奇特、抗逆性强，具有较好的园林应用前景。

杉松

Abies holophylla

科属： 松科冷杉属

别名： 辽东冷杉

形态： 常绿乔木。树冠宽圆锥形，树皮灰褐色，浅纵裂，一年生枝黄灰色至淡黄褐色，无毛，枝上有圆叶痕。冬芽卵圆形，有树脂。叶条形，中脉下凹，端突尖或渐尖，叶背面有2条白色气孔带。球果圆柱形，生于叶腋，直立，当年成熟，成熟时种子与种鳞、苞鳞同落。

分布与习性： 产于中国东北。喜阴，抗寒能力较强，喜土层肥厚的阴坡，浅根性，幼苗生长缓慢，十余年后开始变快。

园林应用： 树冠尖圆形，可作列植或成片种植，也可与云杉等混交种植。

树冠　树皮　圆叶痕　冬芽　叶　叶背面　球果　园林应用

圆柏

Sabina chinensis

科属：柏科圆柏属

别名：桧柏、刺柏

形态：常绿乔木，树冠尖塔形或圆锥形，树皮灰褐色，呈浅纵条剥离，有时扭转状。枝红褐色，老枝扭曲状。幼树之叶全为刺形，老树之叶刺形或鳞形或二者兼有；雌雄异株或同株，单生短枝顶；雄球花长圆形或卵圆形；雄蕊4~8对；交互对生；雌球花有4~8对交互对生的珠鳞，或3枚轮生的珠鳞；胚珠1~6枚，生于珠鳞内面的基部；球果球形，种鳞合生，肉质，种鳞与苞鳞合生，仅苞鳞尖端分离，熟时不开裂。

分布与习性：原产中国东北南部及华北等地。喜光但耐阴性强，耐寒，耐热，对土壤要求不严，耐修剪，深根性，侧根发达。

园林应用：圆柏树形优美，老树则枝干扭曲，奇姿古态，可在庙宇、陵墓作甬道和纪念树，也可群植、丛植或作造型树。

树冠　树皮　枝　幼树的叶　球果　园林应用　园林应用

龙柏

Sabina chinensis 'Kaizuca'

科属：柏科圆柏属

别名：龙爪柏、爬地龙柏、匍地龙柏

形态：龙柏是圆柏的人工栽培变种。常绿乔木，树冠圆柱状或柱状塔形；树皮深灰色，纵裂，呈条片开裂，枝条向上直展，常有扭转上升之势，小枝密；叶密生，全为鳞叶，幼叶淡黄绿色，老后为翠绿色；球果蓝绿色，微被白粉。

分布与习性：主要产于中国长江、淮河流域，山东、河南、河北、辽宁南部等地有引种栽培。喜光，稍耐阴，适生于干燥、肥沃、深厚的土壤，对土壤酸碱度适应性强，忌积水，排水不良时易产生落叶或生长不良。对二氧化硫和氯抗性强，但对烟尘的抗性较差。

园林应用：龙柏侧枝扭曲螺旋状抱干而生，别具一格，观赏价值很高，可以将其攀揉蟠扎成龙、马、狮、象等动物形象，也可修剪成圆球形、鼓形、半球形，单植或列植、群植于庭园。

侧柏

Platycladus orientalis

科属：柏科侧柏属

形态：常绿乔木，树冠广卵形，树皮薄，浅褐色，呈薄片状剥离。大枝斜出，小枝直展扁平；叶全为鳞片状。雌雄同株，雄球花单生枝顶，黄色，由交互对生的小孢子叶组成，每个小孢子叶生有3个花粉囊，珠鳞和苞鳞完全愈合。球果卵圆形，成熟前近肉质，蓝绿色，被白粉，肉质种鳞顶端反曲尖头，熟后木质，开裂，红褐色，种子无翅。

分布与习性：中国除青海、新疆外均有分布。喜光，幼时稍耐阴，适应性强，对土壤要求不严。耐干旱瘠薄，萌芽能力强，耐寒力中等，耐强太阳光照射，耐高温、浅根性。

园林应用：侧柏是中国最广泛应用的园林树种之一，常栽于寺庙、陵墓地，也可用于行道、庭园、大门两侧、绿地周围、路边花坛及墙垣内外，小苗可栽作绿篱、隔离带。

北美香柏

Thuja occidentalis

科属：柏科崖柏属

别名：美国侧柏、香柏、黄心柏木

形态：树冠圆锥形。树皮红褐色或橘红色，稀呈灰褐色，纵裂成条状块片脱落；小枝平展。鳞叶先端突尖，较侧柏肥大，表面暗绿色，背面黄绿色，主枝上的叶有腺体，芳香；侧枝上的叶无腺体或很小。球花单性，雌雄同株。雄球花长卵圆形或椭圆状卵圆形，雌球花卵圆形，球果幼时直立，绿色，后呈黄绿色、淡黄色或黄褐色，成熟时淡红褐色，长椭圆形，种鳞通常5对，稀4对，较薄，革质，扁平；种子近三角状，种翅宽大，比种子长。

分布与习性：原产北美。中国中西部各地有引种栽培。喜光，有一定耐阴力，耐寒，对土壤适应性强，生长较慢。

园林应用：可作绿篱、列植、丛植，其盆景常用于岩石园。

树皮　小枝　树冠　球果　球果　鳞叶

常绿乔木

形态对比

树皮薄，浅褐色

树皮红褐色或橘红色，稀呈灰褐色

叶全为鳞片状

鳞叶先端突尖，较侧柏肥大

球果卵圆形，成熟前近肉质，蓝绿色，被白粉，肉质种鳞顶端反曲尖头，熟后木质，开裂

球果幼时直立，绿色，后呈黄绿色、淡黄色，成熟时淡红褐色，长椭圆形，较薄种鳞通常5对

侧柏　　北美香柏

东北红豆杉

Taxus cuspidata

科属： 红豆杉科红豆杉属

形态： 常绿乔木，高达20m；树皮红褐色，有浅裂纹；枝条平展或斜上直立，密生；小枝基部有宿存芽鳞，一年生枝绿色，秋后呈淡红褐色，二、三年生枝呈红褐色或黄褐色；冬芽淡黄褐色，芽鳞先端渐尖，背面有纵脊。叶排成不规则的二列，斜上伸展，条形，通常直，基部窄，有短柄，先端通常凸尖，上面深绿色，有光泽，下面有两条灰绿色气孔带，气孔带较绿色边带宽2倍，干后呈淡黄褐色，中脉带上无角质乳头状突起点。雄球花有雄蕊9~14枚，各具5~8个花药。种子紫红色，具有杯状红色假种皮，有光泽，卵圆形，长约6mm，上部具3~4钝脊，顶端有小钝尖头，种脐通常三角形或四方形，稀矩圆形。花期5~6月，种子9~10月成熟。

分布与习性： 分布于中国吉林老爷岭、张广才岭及长白山区，山东、江苏、江西等地有栽培。日本、朝鲜、俄罗斯也有分布。生于海拔500~1000m、气候冷湿、酸性土地带，常散生于林中。喜湿、耐阴、避强光、耐干旱，极易养护。

园林应用： 东北红豆杉四季常青，株形美观，用于小区、庭院、公园等城区及风景名胜区绿化。

落叶乔木

DECIDUOUS ARBOR

水杉

Metasequoia glyptostroboides

科属：杉科水杉属
别名：水桫

形态：落叶乔木。幼树树冠尖塔形，老树树冠广圆形，树皮灰褐色或深灰色，裂成条片状脱落；树干基部常膨大，大枝近轮生，小枝对生或近对生，下垂，一年生枝光滑无毛，幼时绿色，后渐变成淡褐色。叶羽状，交互对生，叶基部扭转排成2列，在绿色脱落的侧生小枝上排成羽状二列，线形，柔软，几乎无柄。上面中脉凹下，下面沿中脉两侧有4~8条气孔线。雌雄同株，球果下垂，当年成熟，果蓝色，近球形或长圆状球形，微具四棱，种鳞极薄，透明；苞鳞木质，盾形，背面横菱形，有一横槽，熟时深褐色；种子倒卵形，扁平，周围有窄翅，先端有凹缺。每年2月开花，果实11月成熟。

分布与习性：北京以南各地均有栽培。适应性强，喜湿润，喜光，不耐贫瘠和干旱，生长快，移栽容易成活。

园林应用：水杉树冠呈圆锥形，姿态优美，叶色秀丽，秋叶转棕褐色，可作孤植、丛植或列植，也可成片林植。

银杏

Ginkgo biloba

科属：银杏科银杏属

别名：公孙树、白果

形态：落叶乔木，胸径可达4m。树冠广卵形，树皮灰褐色，不规则纵裂，有长枝与生长缓慢的距状短枝。叶片在长枝上为单叶互生，在短枝上为4~14片叶簇生，短枝密被叶痕，叶痕螺旋状互生，无托叶痕。顶芽宽卵形，无毛。叶片多呈扇形，有二叉状叶脉，顶端常2裂，基部楔形，有长柄，偶有三角形、如意形、截形等。雌雄异株，雄球花柔荑花序下垂，雌球花有长柄，顶端有珠座，上有直生胚珠，风媒花。种子核果状，具长梗，下垂，椭圆形、长圆状倒卵形、卵圆形或近球形，假种皮肉质，被白粉，成熟时淡黄色或橙黄色；常具2（稀3）纵棱椭圆形，中种皮白色，骨质，内种皮膜质。花期4~5月，果实10月成熟。

分布与习性：浙江天目山有野生，沈阳以南有栽培。喜光，寿命长，中国有3000年以上的古树。初期生长较慢，萌蘖性强，喜湿润而又排水良好的深厚砂壤土，不耐积水，较耐寒，耐旱。

园林应用：银杏树姿雄伟壮丽，叶形秀美，寿命长，又少病虫害，适作庭荫树、行道树或独赏树。

变种、变型：黄叶银杏、裂叶银杏、垂枝银杏、斑叶银杏。品种有佛手类、马铃类、梅核类。

水榆花楸 *Sorbus alnifolia*

科属：蔷薇科花楸属

别名：凉子木、黄山榆、花楸、枫榆、千筋树、粘枣子

形态：落叶乔木。树冠圆整丰满，树皮光滑，灰色；小枝圆柱形，具灰白色皮孔，幼时微具柔毛，二年生枝暗红褐色，老枝暗灰褐色，无毛；冬芽卵形，先端急尖，外具数枚暗红褐色无毛鳞片。单叶互生，叶卵形至椭圆状卵形，先端锐尖，基部圆形，缘有不规则尖锐重锯齿。复伞房花序，白色。梨果卵形，红色或黄色。花期5月，果期8~9月。

分布与习性：分布于东北至长江中下游及陕西、甘肃南部。耐阴性强且耐寒。喜湿润、微酸性或中性土。

园林应用：树形圆锥形，秋天叶先变黄后转红，硕果累累，颇为美观，可作园林风景树栽植。

日本晚樱

Cerasus serrulata var. *lannesiana*

科属：蔷薇科樱属

别名：仙樱花、福岛樱、青肤樱

形态：落叶乔木。树高4~16m，树皮暗褐色，有锈色唇形皮孔。小枝常栗褐色，幼时有毛。单叶互生，冬芽圆锥形，紫褐色，无毛。叶卵状椭圆形至倒卵形，先端渐尖或骤尾尖，边缘睫状锯齿，叶柄上有腺体。伞房花序总状，花梗长2cm，花白色或浅粉色。核果卵球形。花期4月，果期5月。

分布与习性：原产于日本，中国多有栽培，尤以华北及长江流域各地为多。喜光，较耐寒，生长较快但树龄较短。嫁接繁殖的砧木可用樱桃、山樱花、尾叶樱及桃、杏等的实生苗。

园林应用：春天开花时繁花如雪，宜植于山坡、庭院、建筑物前及园路旁。

常见园林变种：翠绿东京樱花（新叶、花柄、萼片均为绿色）、垂枝东京樱花（小枝长而下垂）、重瓣白樱花（花白色、重瓣）、垂枝樱花（花粉红色，枝开展而下垂）、瑰丽樱花（花大，淡红色，重瓣，有长梗）。

樱桃

Cerasus pseudocerasus

科属：蔷薇科樱属

别名：车厘子、莺桃、荆桃、楔桃、英桃、牛桃、樱珠、含桃

形态：乔木，高2~6m，树皮灰白色。小枝灰褐色，嫩枝绿色，无毛或被疏柔毛。冬芽卵形，无毛。叶片卵形或长圆状卵形，长5~12cm，宽3~5cm，先端渐尖或尾状渐尖，基部圆形，边有尖锐重锯齿，上面暗绿色，近无毛，下面淡绿色，沿脉或脉间有稀疏柔毛，侧脉9~11对；叶柄被疏柔毛，先端有1或2个大腺体。花序伞房状或近伞形，有花3~6朵，先叶开放；总苞倒卵状椭圆形，褐色，边有腺齿；花梗长，被疏柔毛；萼筒钟状，外面被疏柔毛，萼片三角状卵圆形或卵状长圆形；花瓣白色，卵圆形，先端下凹或二裂；雄蕊30~35枚，栽培品种可达50枚。花柱与雄蕊近等长。核果近球形，红色，直径0.9~1.3cm。花期3~4月，果期5~6月。

分布与习性：产于辽宁、河北、陕西、甘肃、山东、河南、江苏、浙江、江西、四川等地。樱桃喜光、喜温、喜湿、喜肥，适合在年均气温10~12℃，冬季极端最低温度不低于-20℃的地方都能生长良好，正常结果。

园林应用：春天开花时繁花如雪，宜植于山坡、庭院、建筑物前及园路旁。

落叶乔木

山楂

Crataegus pinnatifida

科属：蔷薇科山楂属

别名：山里果、山里红、酸里红

形态：落叶小乔木，树皮灰褐色，浅纵裂。常具短枝，一年生枝黄褐色，无毛。二年生枝灰绿色，枝密生，有细刺，幼枝有柔毛。叶痕扁三角形或新月形；叶迹3。顶芽近球形，冬芽三角状卵形，先端圆钝，无毛，红褐色。单叶互生，叶三角状卵形至菱状卵形，羽状裂，托叶镰形，边缘有锯齿。伞房花序，白色。核果梨果状，红色，有白色皮孔。花期5~6月，果期9~10月。

分布与习性：产于东北、华北等地。喜光，稍耐阴，耐寒，适应性强，尤其抗洪涝能力超强，根系发达，萌蘖性强。

园林应用：树冠整齐，花繁叶茂，果实鲜红可爱，是观花、观果和园林结合生产的良好树种，可作庭荫树和园路树。

山里红

Crataegus pinnatifida var. *major*

科属： 蔷薇科山楂属

别名： 大果山楂、大山楂

形态： 落叶小乔木，树皮灰褐色，浅纵裂。常具短枝，一年生枝棕褐色，无毛。枝几乎无刺，叶痕扁三角形或新月形；叶迹3。顶芽近球形，红褐色。单叶互生，叶三角状卵形至菱状卵形，羽状裂，托叶镰形，边缘有锯齿。伞房花序，白色。核果梨果状，红色，有白色皮孔。花期5~6月，果期9~10月。

分布与习性： 产于东北、华北等地。喜光，稍耐阴，耐寒，适应能力强，抗洪涝能力超强，根系发达，萌蘖性强。

园林应用： 同山楂。

紫叶李

Prunus cerasifera 'Atropurpurea'

科属：蔷薇科李属

别名：红叶李

形态：落叶小乔木，高达8m，树冠丰满圆整，枝干为紫灰色，冬芽卵圆形，紫红色，并生，当年生枝条木质部白色。叶常年紫红，单叶互生，叶卵圆形或长圆状披针形，光滑无毛，叶缘具尖锐重锯齿。花1朵，稀2朵；花瓣为单瓣，花蕊短于花瓣，花瓣白色，长圆形或匙形，边缘波状，基部楔形。核果扁球形，腹缝线上微见沟纹，无梗洼，熟时黄、红或紫色，光亮或微被白粉，花叶同放，花期3~4月，果常早落。

分布与习性：原产中亚及中国新疆天山一带，现栽培分布于北京以及山西、陕西、河南、江苏、山东、辽宁等地的各大城市。喜光，稍耐阴，抗寒，适应性强，喜温暖湿润的气候环境和排水良好的砂质壤土。怕盐碱和涝洼。浅根性，萌蘖性强，对有害气体有一定的抗性。

园林应用：紫叶李枝广展，红褐色而光滑，叶自春至秋呈红色，尤以春季最为鲜艳，宜于建筑物前及园路旁或草坪角隅处栽植。

树冠 枝干 当年生枝条木质部白色 核果 冬芽 叶 花 园林应用 园林应用

紫叶矮樱

Prunus × cistena

科属：蔷薇科李属

形态：落叶小乔木。高达8m，树冠丰满圆整，枝干为紫灰色，冬芽紫红色，并生。当年生枝条木质部红色。叶常年紫红，单叶互生，叶卵圆形或长圆状披针形，光滑无毛，叶缘有不整齐的细钝齿，叶面红色或紫色，背面色彩更红，新叶顶端鲜紫红色，花单生，中等偏小，淡粉红色，微香，4~5月开花。雄蕊多数，单雌蕊。花叶同放。

分布与习性：同紫叶李。

园林应用：同紫叶李。

形态对比

当年生枝条木质部白色

当年生枝条木质部红色

花1朵，稀2朵；花瓣为单瓣，花蕊短于花瓣，花色偏白，到了后期基本上就是白色的。花期3~4月

花单生，中等偏小，淡粉红色，微香，4~5月开花

紫叶李

紫叶矮樱

山荆子

Malus baccata

科属：蔷薇科苹果属

别名：林荆子、山定子、山丁子

形态：乔木，高达10~14m，树冠广圆形，树皮灰褐色，粗糙；老枝暗褐色，幼枝细弱，圆柱形，红褐色；冬芽卵形，先端渐尖，鳞片边缘微具茸毛，红褐色。叶片椭圆形或卵形，长3~8cm，宽2~3.5cm，先端渐尖，稀尾状渐尖，基部楔形或圆形，边缘有细锐锯齿。花序伞形，具花4~6朵，无总梗，集生在小枝顶端，直径5~7cm；花梗细长，长1.5~4cm；花径3~3.5cm；萼片披针形，先端渐尖，长5~7mm，内面被茸毛，长于萼筒；花瓣倒卵形，长2~2.5cm，先端圆钝，基部有短爪，白色；雄蕊15~20，长短不齐，约为花瓣之半；花柱5或4，基部有长柔毛，较雄蕊长。果实近球形，直径8~10mm，红色或黄色，柄洼及萼洼稍微陷入，萼片脱落；果梗长3~4cm。花期4~6月，果期9~10月。

分布与习性：山荆子抗性强，中国北方大多数地区皆有分布。

园林应用：山荆子早春开放白色花朵，秋季结成小球形红黄色果实，经久不落，很美丽，可作庭园观赏树种。

西府海棠

Malus micromalus

科属： 蔷薇科苹果属

别名： 海红、子母海棠、小果海棠

形态： 落叶乔木，高可达8m；树皮暗褐色；树枝直立性强，小枝圆柱形，幼时红褐色，被短柔毛，老时暗褐色，无毛；冬芽卵形，先端急尖，无毛或仅边缘有茸毛，暗紫色；叶片椭圆形至长椭圆形，先端渐尖或圆钝，基部宽楔形或近圆形，边缘有紧贴的细锯齿，有时部分全缘；叶柄长1.5~3cm，托叶膜质，披针形，全缘。花序近伞形，花未开时，花蕾红艳，似胭脂点点，开后则渐变粉红，花形较大，4~7朵成簇向上，被稀疏柔毛；花径4~5cm；花瓣卵形，基部具短爪；雄蕊的长度为花瓣的一半，萼裂片宿存；梨果球形，直径1~1.5cm，红色，果梗细长，先端较肥厚。花期4~5月，果期9月。

分布与习性： 原产中国，现辽宁、河北、山西、山东、陕西、甘肃、云南等地均有栽培。喜光，耐寒，耐干旱，忌水湿，对土质和水分要求不高，最适生于肥沃、疏松又排水良好的砂质壤土。

园林应用： 西府海棠树态峭立，花色艳丽，果实鲜美诱人，可作孤植、列植、丛植，最宜植于水滨及小庭一隅。

垂丝海棠

Malus halliana

科属：蔷薇科苹果属

别名：有肠花、思乡草

形态： 落叶小乔木，高达5m，树冠疏散，树皮灰白色，枝开展；小枝细弱，微弯曲，圆柱形，最初有毛，不久脱落，紫色或紫褐色。冬芽卵形，先端渐尖，无毛或仅在鳞片边缘具柔毛，紫色。叶片卵形或椭圆形至长椭卵形，先端长渐尖，基部楔形至近圆形，锯齿细钝或近全缘，质较厚实，表面有光泽。伞房花序，具花4~6朵，其中常有1~2朵花无雌蕊，花梗紫色，细弱，长2~4cm，下垂，有稀疏柔毛；花径3~3.5cm，花瓣倒卵形，基部有短爪，粉红色，常在5数以上，萼片紫色，三角卵形，雄蕊20~25，花丝长短不齐，约等于花瓣之半。果实梨形或倒卵形，直径6~8mm，略带紫色，成熟晚。花期3~4月，果期9~10月。

分布与习性： 原产中国西南、中南、华东等地，中原地区、甘肃、陕西、辽宁等地有栽培。喜光，不耐阴，稍耐寒，喜温暖湿润环境，微酸或微碱性土壤均可生长，但以土层深厚、疏松、肥沃、排水良好略带黏质的土壤生长更好。

园林应用： 同西府海棠。

树冠 树皮 叶片 花序 萼片 果实 园林应用

形态对比

西府海棠枝条收窄，向上

垂丝海棠，枝披散，开张

花成簇向上

花梗向下垂吊

梨果球形，红色。果梗细长，直径1~1.5cm，先端较肥厚

果实梨形或倒卵形，直径6~8mm，略带紫色

西府海棠　　垂丝海棠

杏

Armeniaca vulgaris

科属： 蔷薇科杏属

别名： 杏子

形态： 落叶乔木，树冠圆形、扁圆形或长圆形；树皮灰褐色，纵裂；多年生枝浅褐色，皮孔大而横生，一年生枝浅红褐色，有光泽，无毛，具多数小皮孔；冬芽褐色，多并生。叶片单叶互生，阔卵形或圆卵形，深绿色，边缘有钝锯齿；近叶柄顶端有二腺体；花淡粉色，单生或2~3个同生。短枝每节上生1个或2个果实，果圆形或长圆形，稍扁，果皮多为金黄色，向阳部有红晕和斑点；果肉暗黄色，味甜多汁；核面平滑没有斑孔，核缘厚而有沟纹。

分布与习性： 杏在中国分布范围很广，除南部沿海及台湾外，大多数地区皆有。

园林应用： 杏树是观花、观果的观赏树种，可作园景树，同时也是防风固沙、水土保持的生态先锋树种。

辽梅山杏

Armeniaca sibirica var. *pleniflora*

科属：蔷薇科杏属

别名：辽梅杏、毛叶重瓣山杏

形态：辽梅山杏是山杏的变种之一。树冠半圆形，树姿开张。树皮灰黑色纵裂，多年生枝红褐色，表皮光滑无毛。一年生枝灰褐色，节间长1.8cm。冬芽并生，褐色卵圆形；叶片单叶互生，卵圆形，基部宽楔形，先端渐尖，叶色绿，正反面均多茸毛，无光泽；叶缘不整齐，单锯齿。花粉红重瓣花，每朵花花瓣30余枚，花径3cm左右，花蕾期约7天，花萼粉红色，为观赏佳期。果实较小，扁圆形，不能食用，仁苦。

分布与习性：辽梅山杏抗性强，已在北京、沈阳、鞍山、长春、哈尔滨等地栽培成功。

园林应用：辽梅山杏花色素雅、花态秀丽，可作园景树，孤植、丛植及群植。

稠李

Padus avium

科属：蔷薇科稠李属

别名：臭李子

形态：落叶乔木，树冠丰满圆整，高达15m。树皮粗糙而多斑纹，老枝紫褐色或灰褐色，有浅色皮孔；小枝红褐色或带黄褐色，幼时被短茸毛，以后脱落无毛；冬芽卵圆形，无毛或仅边缘有睫毛。叶椭圆形或倒卵形，基部阔楔形或圆形，先端渐尖，边缘有钝锯齿，叶柄近端有两个腺体。总状花序白色，呈下垂状，有花10~20朵，略有异味。核果近球形，黑色。花期4月，与叶同时开放；果9月成熟。

分布与习性：分布于东北、内蒙古、河北、河南、山西、陕西、甘肃等地。喜光也耐阴，耐寒性较强，喜湿润土壤，在河岸砂壤土上生长良好。

园林应用：稠李花序长而美丽，秋叶变黄红色，果成熟时亮黑色，是良好的观花、观叶、观果树种，可作园景树，孤植、丛植及群植。

紫叶稠李

Padus virginiana 'Canada Red'

科属：蔷薇科稠李属

别名：加拿大红樱

形态：落叶小乔木，高8~10m。小枝平滑，红褐色或黄褐色，冬芽浅褐色，锥形，先端尖；叶片单叶互生，先端扩大成椭圆，叶宽相当于叶长的2/3，初生叶为绿色，进入5月后随着温度升高，逐渐转为紫红绿色至紫红色，秋天变成红色，成为变色树种。短枝开花，总状花序呈下垂状，长4~6cm，花白色，有花10~20朵，略有异味。花期4~5月，果实紫红色，光亮。

分布与习性：原产于北美洲，是一种速生植物。中国北方各地有引种栽培。喜光照充足及温暖、湿润的气候环境。

园林应用：可作孤植、丛植、群植，又可片植，或植成大型彩篱。

山桃

Amygdalus davidiana

科属： 蔷薇科桃属

别名： 花桃

形态： 落叶小乔木，高达10m，树冠丰满圆整，干皮紫褐色，有光泽，小枝灰褐色，无毛，常具横向环纹，老时纸质剥落，冬芽并生，深褐色，叶痕半圆形，叶迹3组。叶单叶互生，狭卵状披针形，长6~10cm，锯齿细尖，稀有腺体，花淡粉红色或白色，单瓣，先叶开放。果近球形，径3cm左右，肉薄而干燥。花期3~4月，果期7~8月。

分布与习性： 主要分布于中国黄河流域、内蒙古及东北南部，西北也有，多生于向阳的石灰岩山地。喜光，耐寒，耐干旱、瘠薄，怕涝，一般土质都能生长，对自然环境适应性很强。

园林应用： 可孤植、丛植、群植，也可片植。

碧桃

Amygdalus persica var. *persica* f. *duplex*

科属： 蔷薇科桃属

别名： 粉红碧桃、千叶桃花

形态： 落叶小乔木，高可达8m，树冠宽广而平展，广卵形；树皮灰褐色，老时粗糙呈鳞片状；枝条多直立生长，小枝红褐色或绿色，表面光滑；冬芽上具白色柔毛，芽并生，中间多为叶芽，两侧为花芽。叶椭圆状披针形，长7~15cm，先端渐尖，叶缘具粗锯齿，叶基部有腺体；花单生或两朵生于叶腋，重瓣，粉红色，先开花后展叶。

分布与习性： 碧桃原产中国，世界各地均已引种栽培。喜光、耐旱，要求土壤肥沃、排水良好。耐寒能力不如果桃，在辽宁南部背风处可以越冬。

园林应用： 碧桃树姿婀娜，花朵妩媚，是北方园林中早春不可缺少的观赏树种，孤植、群植于湖滨、溪流均较适宜。

白碧桃：花径3~5cm，白色，半重瓣，花瓣圆形。

红叶碧桃：红叶碧桃是碧桃的一个变异品种。花单瓣或重瓣，粉红或大红色。红叶一直保持到5月下旬，随着气温升高，紫红色的叶片从基部向上慢慢变成铜绿色或绿色，但生长出来的新梢仍为紫红色。下部绿色、上部紫红色的美丽景色一直保持到9月中旬，而后树叶全部变成绿色。果子随着气温的升高，由紫红色慢慢变为青色。园林应用同碧桃。

垂枝碧桃：枝条柔软下垂，花重瓣，有浓红、粉红、淡粉等色。园林应用同碧桃。

树冠　树皮　园林应用

小枝和冬芽　叶　花

花　园林应用

白碧桃

红叶碧桃

垂枝碧桃

形态对比

树皮紫褐色，有光泽

树皮灰褐色，老时粗糙呈鳞片状

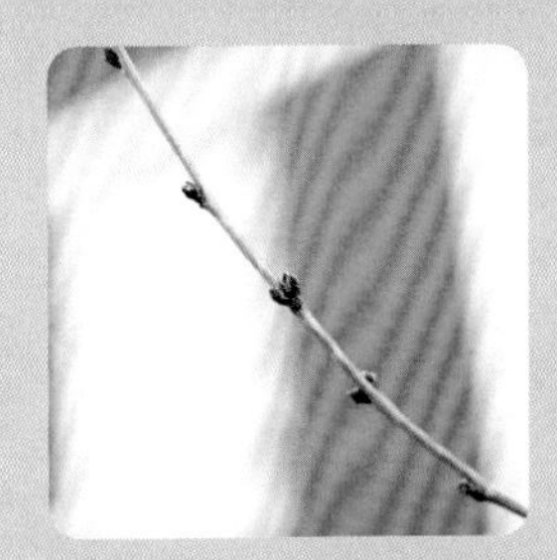

小枝灰褐色

小枝红褐色或绿色

叶狭卵状披针形，长6~10cm，锯齿细尖

叶椭圆状披针形，长7~15cm，先端渐尖，叶缘具粗锯齿

花单瓣

花重瓣

山桃　　碧桃

杜梨

Pyrus betulifolia

科属：蔷薇科梨属

别名：棠梨、土梨、海棠梨、野梨子、灰梨

形态：乔木，高达10m，树冠开展，枝常具刺；树皮灰黑色，网纹状裂；小枝嫩时密被灰白色茸毛，二年生枝条具稀疏茸毛或近于无毛，紫褐色；冬芽卵形，先端渐尖，外被灰白色茸毛。叶片菱状卵形至长圆卵形，先端渐尖，基部宽楔形，稀近圆形，边缘有粗锐锯齿，幼叶上下两面均密被灰白色茸毛，成长后脱落，老叶上面无毛而有光泽，下面微被茸毛或近于无毛；叶柄长2~3cm，被灰白色茸毛。花序伞形总状，花10~15朵，总花梗和花梗均被灰白色茸毛，花梗长2~2.5cm；花径1.5~2cm；萼筒外密被灰白色茸毛；花瓣白色宽卵形，先端圆钝，基部具有短爪，花药紫色，长约花瓣之半。果实近球形，直径5~10mm，2~3室，褐色，有淡色斑点，基部具带茸毛果梗。花期4月，果期8~9月。

分布与习性：杜梨产于中国辽宁、河北、河南、山东、山西、陕西、湖北、江苏、安徽、江西等地。平原或山坡阳处，海拔50~1800m均可生长。适生性强，喜光，耐寒，耐旱，耐涝，耐瘠薄，在中性土及盐碱土上均能正常生长。

园林应用：杜梨树形优美，花色洁白，可用于街道庭院及公园的园景树。

豆梨 *Pyrus calleryana*

科属：蔷薇科梨属

形态：乔木，高5~8m；小枝粗壮，圆柱形，在幼嫩时有茸毛，不久脱落，二年生枝条灰褐色；冬芽三角卵形，先端短渐尖，微具茸毛。叶片宽卵形至卵形，稀长椭卵形，长4~8cm，宽3.5~6cm，先端渐尖，稀短尖，基部圆形至宽楔形，边缘有钝锯齿，两面无毛；叶柄长2~4cm，无毛；托叶叶质，线状披针形，长4~7mm。花序伞形，具花6~12朵，花梗无毛，花梗长1.5~3cm；苞片膜质，线状披针形，内面具茸毛；花径2~2.5cm；花瓣卵形，长约13mm，宽约10mm，基部具短爪，白色；梨果球形，直径约1cm，黑褐色，有斑点，萼片脱落，2（3）室，有细长果梗。花期4月，果期8~9月。

分布与习性：豆梨原产山东、河南、江西、安徽、湖北、湖南、福建、江苏、浙江、广东、广西，辽宁南部有栽培，适生于温暖潮湿气候，生山坡、平原或山谷杂木林中，海拔80~1800m。喜光，稍耐阴，不耐寒，耐干旱、瘠薄。对土壤要求不严，在碱性土中也能生长，深根性，抗病虫害，生长较慢。

园林应用：同杜梨。

形态对比

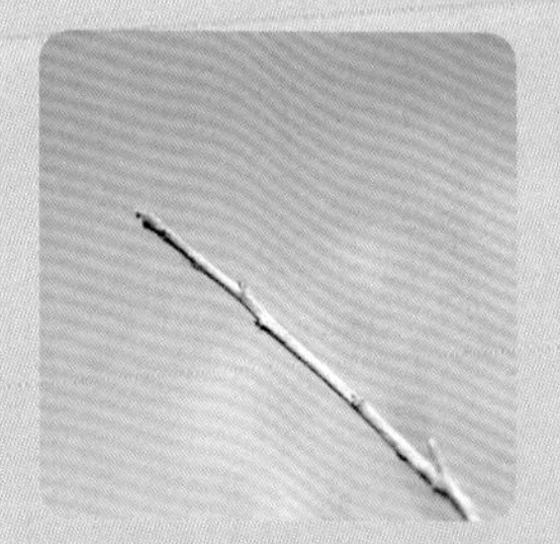

小枝嫩时密被灰白色茸毛

小枝粗壮，圆柱形，在幼嫩时有茸毛，不久脱落

叶柄长2~3cm，被灰白色茸毛

叶柄长2~4cm，无毛

花梗被茸毛

花梗无毛

果梗被茸毛

果梗细长，无毛

杜梨　　　　豆梨

形态：落叶乔木或灌木，树皮灰褐色，大枝树皮常纸状剥裂；枝开展，小枝灰绿色或灰黄色，密生茸毛。叶对生，革质，卵形至倒卵状椭圆形，全缘或有小锯齿，叶柄基部带紫色。顶生聚伞状圆锥花序疏散，雌雄异株，花白色，花冠裂片条形，花冠筒极短。核果椭圆形，蓝黑色。花期4~5月，果实成熟期9~10月。

分布与习性：产华北、华中、西北、华南及西南等地。喜光，较耐阴；喜温暖气候，略耐寒；喜中性及微酸性土壤，耐干旱瘠薄，不耐水涝；喜欢通风而温暖湿润的环境；耐风及抗空气污染力强。常用作桂花砧木。

园林应用：春季满树白花，花形奇特，清雅可爱，是优良的园林观赏树种，可丛植、群植、列植于草坪、林缘、水畔、路旁、建筑物周围，也可培养成单干苗，作小路的行道树。

流苏树

Chionanthus retusus

科属：木犀科流苏树属

别名：萝卜丝花、茶叶树、四月雪

白蜡树

Fraxinus chinensis

科属：木犀科白蜡属

别名：青榔木、白荆树

形态：落叶乔木，树冠卵圆形，树皮灰褐色，纵裂。新枝绿色，无毛或疏被长柔毛，旋即秃净，皮孔小，不明显。芽阔卵形或圆锥形，被棕色柔毛或腺毛。奇数羽状复叶对生，小叶5~9枚，通常7枚，卵圆形或卵状披针形，长3~10cm，先端渐尖，基部狭，不对称，缘有齿及波状齿，表面无毛，背面沿脉有短柔毛，小叶基部膨大。圆锥花序侧生或顶生于当年生枝上，大而疏松，下垂，夏季开花。花萼钟状；无花瓣。翅果倒披针形，长3~4cm，翅短于种子。花期3~5月，果10月成熟。

分布与习性：中国北至东北中南部，南至广东，西至甘肃均有分布。喜光、稍耐荫，喜湿耐涝，对土壤要求不严，抗烟尘，对二氧化硫、氯气有较强抗性。萌蘖力强，耐修剪，生产快，寿命长。

园林应用：树干通直，树形端庄，枝叶繁茂，秋叶橙黄，可作优良的行道树、孤植树和庭荫树。

洋白蜡

Fraxinus pennsylvanica

科属：木犀科白蜡属

别名：美国红梣、毛白蜡、宾夕法尼亚梣、宾州梣

形态：落叶乔木，高10~20m；树冠卵圆形，树皮灰色，粗糙，皱裂；顶芽圆锥形，尖头，被褐色糠秕状毛；小枝红棕色，圆柱形，被黄色柔毛或秃净，老枝红褐色，光滑无毛。奇数羽状复叶对生，长18~44cm；叶轴圆柱形，上面具较宽的浅沟，密被灰黄色柔毛（变种和一些栽培型常无毛）；小叶5~9枚，薄革质，长圆状披针形、狭卵形或椭圆形，长4~13cm，宽2~8cm，顶生小叶与侧生小叶几等大，先端渐尖或急尖，基部阔楔形，叶缘具不明显钝锯齿或近全缘，疏被绢毛；小叶无柄或下方1对小叶具短柄，基部几不膨大。圆锥花序生于去年生枝上，长5~20cm；花密集，雄花与两性花异株，与叶同时开放；花序梗短，花梗纤细，被短柔毛。翅果狭倒披针形，上中部最宽，先端钝圆或具短尖头，翅长度与种子等长或长于种子。花期4月，果期8~10月。

分布与习性：原产美国东海岸至落基山脉一带，生于河湖边岸湿润地段，中国引种栽培已久，分布遍及全国各地。喜光、稍耐阴，喜湿耐涝，对土壤要求不严，抗烟尘，对二氧化硫、氯气有较强抗性。

园林应用：树干通直，树形端庄，枝叶繁茂，秋叶橙黄，可作优良的行道树、孤植树和庭荫树。

形态对比

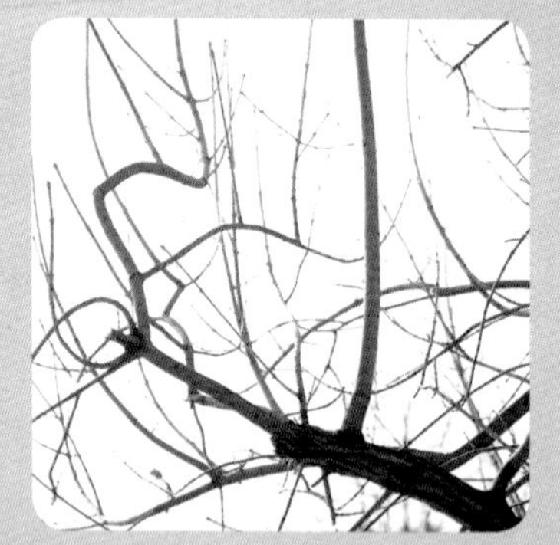

小枝黄褐色，皮孔小，不明显

小枝红棕色，圆柱形，被黄色柔毛或秃净

圆锥花序侧生或顶生于当年生枝上，大而疏松

圆锥花序生于去年生枝上，长5~20cm；花密集

翅果倒披针形，长3~4cm，翅短于种子

翅果狭倒披针形， 翅长度与种子等长或长于种子

白蜡树　　洋白蜡

金枝白蜡

Fraxinus excelsior 'Jaspidea'

科属： 木犀科白蜡属

形态： 落叶乔木，高10~12m；树皮灰褐色，纵裂。小枝黄褐色，粗糙，无毛或疏被长柔毛，旋即秃净，皮孔小，不明显。芽阔卵形或圆锥形，被棕色柔毛或腺毛。羽状复叶长15~25cm；叶柄长4~6cm，基部不增厚；叶轴挺直，上面具浅沟，初时疏被柔毛，旋即秃净；小叶5~7枚，硬纸质，卵形、倒卵状长圆形至披针形，基部钝圆或楔形，叶缘具整齐锯齿；圆锥花序顶生或腋生枝梢，长8~10cm；花雌雄异株。翅果匙形，长3~4cm，宽4~6mm，上中部最宽，先端常呈犁头状，基部渐狭，翅平展，下延至坚果中部，坚果圆柱形，长约1.5cm；宿存萼紧贴于坚果基部，常在一侧开口深裂。花期4~5月，果期7~9月。

分布与习性： 中国南北各地均有，越南、朝鲜也有。喜光、稍耐阴，喜湿耐涝，对土壤要求不严，抗烟尘，对二氧化硫、氯气有较强抗性。萌蘖力强，耐修剪，生长快，寿命长。

园林应用： 同白蜡树。

水曲柳

Fraxinus mandschurica

科属：木犀科白蜡属

别名：大叶梣、东北梣、白栓

形态：树干通直，树皮灰褐色，浅纵裂。枝褐色，冬芽锥形，深褐色。奇数羽状复叶对生，小叶7~13枚，叶轴有沟槽，具极窄的翼；与小叶连接处密生褐色茸毛。叶椭圆状披针形或卵状披针形，锯齿细尖，端长渐尖。花序侧生二年生小枝上。翅果稍扭曲，长圆状披针形，长2~5cm，宽5~7mm，先端钝圆或微凹。

分布与习性：分布于东北、华北，以小兴安岭最多。喜光，幼时稍耐阴，耐寒，喜潮湿但不耐水涝，喜肥，稍耐盐碱。主根浅，侧根发达，萌蘖性强，生长较快，寿命较长。

园林应用：适宜作风景林、庭荫树、行道树。

花曲柳

Fraxinus rhynchophylla

科属：木犀科白蜡属

别名：大叶白蜡树

形态：落叶大乔木，高12~15m，树皮灰褐色，光滑，老时浅裂。一年生枝暗褐色，皮孔散生。冬芽阔卵形，顶端尖，黑褐色，具光泽，内侧密被棕色曲柔毛。奇数羽状复叶对生，叶柄基部膨大；叶轴上面具浅沟，小叶着生处具关节，节上有时簇生棕色曲柔毛；小叶5~7枚，革质，阔卵形、倒卵形或卵状披针形，长3~11（~15）cm，宽2~6（~8）cm，营养枝的小叶较宽大，顶生小叶显著大于侧生小叶，下方1对最小，先端渐尖、骤尖或尾尖，基部钝圆、阔楔形至心形，两侧略歪斜或下延至小叶柄，叶缘呈不规则粗锯齿，齿尖稍向内弯，通常下部近全缘，上面深绿色，脉上有时疏被柔毛，下面沿脉腋被白色柔毛。圆锥花序顶生或腋生于当年生枝梢，长约10cm；花序梗细而扁，长约2cm；雄花与两性花异株。翅果线形，长约3.5cm，宽约5mm，先端钝圆、急尖或微凹，翅下延至坚果中部，略隆起；具宿存萼。花期4~5月，果期9~10月。

分布与习性：花曲柳分布于中国东北和黄河流域各地。属喜光树种，根系发达，对气温适应范围较广，7月极端最高气温47.6℃，1月极端最低气温在-40℃以上的条件下，都能生长。但耐大气干旱能力较差，当7~8月相对湿度为45%左右，气温在38℃以上，叶色发黄甚至脱落。

园林应用：花曲柳枝叶茂密，树形美观，可做防护林、园景树，同时是经济价值高的优良用材树种。

湖北梣

Fraxinus hupehensis

科属：木犀科白蜡属

别名：对节白蜡

形态：落叶乔木，高可达19m；树皮深灰色，老时纵裂。枝灰白色，挺直；冬芽褐色，被柔毛；奇数羽状复叶长7~15cm，革质，披针形至卵状披针形，叶柄长3cm，小叶柄长3~4mm，被细柔毛。花杂性，密集簇生于去年生枝上，呈甚短的聚伞圆锥花序，长约1.5cm。翅果匙形，长4~5cm，宽5~8mm，中上部最宽，先端急尖。花期2~3月，果期9月。

分布与习性：分布于湖北京山等地，为中国特有种。生长于海拔600m以下的低山丘陵地。喜土层深厚、肥沃、湿润的地方，而丘陵地带、平原四旁（路旁、村旁、宅旁、水旁）其分布较为集中；萌芽力强、耐修剪。

园林应用：树姿清雅优美、小叶秀丽，常作造型树。

暴马丁香

Syringa reticulata subsp. *amurensis*

科属：木犀科丁香属
别名：暴马子、白丁香、荷花丁香、阿穆尔丁香

形态：落叶小乔木，高达8m。树皮紫灰色或紫灰黑色，粗糙，具细裂纹，常不开裂，皮孔灰白色；枝条带紫色，有光泽，皮孔密集。冬芽卵形黄褐色。单叶对生，叶片卵形或广卵形，厚纸质至革质，先端突尖或短渐尖，基部通常圆形，上面绿色，下面淡绿色，两面无毛，全缘。圆锥花序大而稀疏，常侧生；花冠白色，花冠筒短；蒴果长椭圆形，先端常钝，外具疣状突起，2室，每室具2枚种子；种子周围有翅。花期6~7月，果期9~10月。

分布与习性：分布于东北、华北、西北东部。喜光，喜温暖湿润气候，耐严寒，对土壤要求不严。

园林应用：暴马丁香花大色香，可作公园、庭院的园景树，中国西部地区的佛教圣树。

山皂荚

Gleditsia japonica

科属：豆科皂荚属

别名：山皂角、皂荚树、乌犀树、日本皂荚

形态：落叶乔木，高可达14m。树皮粗糙，小枝紫褐色或脱皮后呈灰绿色，微有棱，具分散的白色皮孔，光滑无毛；枝刺略扁，粗壮，紫褐色至棕黑色，常分枝。枝无顶芽，侧芽叠生。偶数羽状复叶互生或簇生，纸质至厚纸质，卵状长圆形或卵状披针形至长圆形，先端圆钝，有时微凹，基部阔楔形或圆形，微偏斜，全缘或具波状疏圆齿，上面被短柔毛或无毛，微粗糙，有时有光泽；小叶柄极短。穗状花序，花黄绿色，花瓣4，椭圆形。荚果薄不规则旋扭或弯曲作镰刀状，先端具长5~15mm的喙。花期5~6月，果期6~10月。

分布与习性：分布极广，自中国北部至南部以及西南等地均有分布。喜光而稍耐阴，喜温暖湿润气候及深厚肥沃、适当湿润的土壤，对土壤要求不严。深根性，播种后7~8年可开花。

园林应用：山皂荚树冠广宽，叶密荫浓，宜作庭荫树及四旁绿化或造林用。

皂荚

Gleditsia sinensis

科属：豆科皂荚属

别名：鸡栖子、皂角、大皂荚、长皂荚、大皂角、乌犀

形态：落叶乔木，高可达30m；树皮粗糙，枝灰色至深褐色；枝刺粗壮，常分枝，多呈圆锥状。叶为偶数羽状复叶，小叶6~18枚，纸质，卵状披针形至长圆形，先端急尖或渐尖，顶端圆钝，具小尖头，基部圆形或楔形，有时稍歪斜，边缘具细锯齿，上面被短柔毛，下面中脉稍被柔毛；网脉明显，在两面凸起；总状花序腋生或顶生，花杂性，黄白色，荚果带状，长12~37cm，宽2~4cm，劲直或扭曲，种子多颗，长圆形或椭圆形，长11~13mm，棕色，光亮。花期4~5月，果熟期10月。

分布与习性：原产中国长江流域，现中国北部至南部及西南均有分布。喜光而稍耐阴，喜温暖湿润气候及深厚肥沃适当湿润的土壤，但对土壤要求不严，在石灰质及盐碱甚至黏土或砂土均能正常生长。皂荚寿命很长，可达六七百年。属于深根性树种。

园林应用：皂荚冠大荫浓，寿命较长，宜作庭荫树及四旁绿化树种。

形态对比

枝刺略扁，粗壮，紫褐色至棕黑色，常分枝

枝刺粗壮，常分枝，多呈圆锥状

荚果薄，不规则旋扭或弯曲作镰刀状

荚果带状，长12~37cm，宽2~4cm，劲直或扭曲

山皂荚　　　　皂荚

刺槐

Robinia pseudoacacia

科属： 豆科刺槐属

别名： 洋槐

形态： 落叶乔木，高10~20m。树冠倒卵形，树皮灰黑褐色，纵裂；小枝灰褐色，无毛或幼时具微柔毛，枝具托叶刺，柄下芽不明显；奇数羽状复叶互生，小叶椭圆形至卵状长圆形，先端圆或微凹，具小刺尖，全缘，表面绿色，被微柔毛，背面灰绿色被短毛。总状花序白色，蝶形花，芳香。荚果扁平，线状长圆形，长3~11cm，褐色，光滑。花果期5~9月。

分布与习性： 原产北美洲，现欧洲、亚洲各国广泛栽培。为强喜光树种，较耐干旱瘠薄，对土壤适应性很强，畏积水，浅根性，侧根发达，萌蘖性强，寿命较短。

园林应用： 刺槐树冠高大，叶色鲜绿，花、叶绿白相映，素雅芳香，可作片林、庭荫树及行道树，同时是工矿区绿化及荒山荒地绿化的先锋树种。

毛刺槐

Robinia hispida

科属：豆科刺槐属

别名：粉花刺槐、粉花洋槐、红毛洋槐、无刺槐、紫雀花

形态：落叶小乔木或灌木。树皮深纵裂，幼枝密被紫红色硬腺毛及白色曲柔毛，二年生枝密被褐色刚毛，叶片为奇数羽状复叶互生，叶轴被刚毛及白色短曲柔毛，上有沟槽，小叶5~7（~8）对，椭圆形、卵形、阔卵形至近圆形。总状花序腋生，除花冠外，均被紫红色腺毛及白色细柔毛，花3~8朵；花萼紫红色，斜钟形，萼筒长约5mm，萼齿卵状三角形，花冠红色至玫瑰红色，花瓣具柄，旗瓣近肾形，翼瓣镰形，龙骨瓣近三角形，先端圆，前缘合生，与翼瓣均具耳。荚果线形，果颈短，有种子3~5粒。花期5~6月，果期7~10月。

分布与习性：原产北美洲，广泛分布于中国东北南部等地区，喜光，在过阴处多生长不良，耐寒性较强，喜排水良好的砂质壤土，有一定的耐盐碱能力。

园林应用：树冠浓密，花大，色艳丽，散发芳香，可作孤植、列植或丛植于疏林、高速公路及城市主干道两侧。

香花槐

Robinia pseudoacacia 'Idaho'

科属：豆科刺槐属

别名：富贵树

形态：落叶乔木，植株高10~12m，树干为褐色至灰褐色；枝具托叶刺。奇数羽状复叶互生，叶椭圆形至卵状长圆形，长3~6cm，比刺槐叶大，叶片美观对称，深绿色有光泽，青翠碧绿。花密生成总状花序，作下垂状；花被红色，有浓郁的芳香气味，可以同时盛开小红花200~500朵。无荚果，不结种子。花期5月、7月或连续开花，花期长。

分布与习性：香花槐适应性强，南北方、东西部均可栽种。耐寒，能抵抗-25~-28℃低温。耐干旱瘠薄，对土壤要求不严，主、侧根发达，侧根当年可达2m，第2年3~4m，萌芽性强。生长快，对城市不良环境有抗性，抗病力强。

园林应用：香花槐自然生长树冠开张，树形优美，可作江河两岸绿化，小流域治理及荒山荒坡、平原等地的绿化。

树干　枝具托叶刺　叶片　花序　园林应用

形态对比

高10~20m

落叶小乔木或灌木

落叶乔木，整株高10~12m

枝具托叶刺

幼枝密被紫红色硬腺毛及白色曲柔毛

枝具托叶刺

总状花序，白色蝶形花

总状花序腋生，除花冠外，均被紫红色腺毛及白色细柔毛，花3~8朵，花冠红色至玫瑰红色

密生成总状花序，作下垂状。花被红色，可以同时盛开小红花200~500朵

刺槐　　毛刺槐　　香花槐

合欢

Albizia julibrissin

科属：豆科合欢属

别名：马缨花、绒花树、夜合欢、夜合树、乌绒树、苦情花

形态：落叶乔木。树高可达16m；树冠开展；树皮不裂，灰色，有明显皮孔，小枝有棱角，无毛，密被皮孔，叶痕倒三角形；二回偶数羽状复叶，小叶镰刀状长圆形，两侧常不对称，中脉在一边，总叶柄下有腺体。头状花序排成伞房状，花黄绿色，不显，花丝粉红色，观赏性强。荚果扁条形。花期6~7月，果9~10月成熟。

分布与习性：产于亚洲及非洲，广泛分布于中国东北南部至华南地区。适应性强，喜光，但树干皮薄怕暴晒。耐寒性略差，耐干旱、瘠薄，但不耐水涝，生长迅速，枝条开展，树冠常偏斜，分枝点较低。

园林应用：合欢树姿优美，叶形雅致，盛夏绒花满树，有色有香，能形成轻柔舒畅的气氛，宜作庭荫树和独赏树，可植于林缘、草坪、山坡等地。

国槐 *Sophora japonica*

科属：豆科槐属

别名：槐树、家槐、豆槐、白槐、细叶槐

形态：落叶乔木，高可达25m，树冠扁球形；树皮灰褐色，具纵裂纹；枝绿色，黄白色皮孔明显，柄下芽黑色；奇数羽状复叶互生，小叶卵状披针形，叶端尖，叶背有白粉及柔毛。圆锥花序顶生，花冠白色或淡黄色，旗瓣近圆形，长和宽约11mm，具短柄，有紫色脉纹。荚果念珠状，熟后不开裂，经冬不落。花期6~8月，果期9~10月。

分布与习性：原产中国北部。北自辽宁，南至广东、台湾，东自山东，西至甘肃均有分布。喜光，略耐阴，喜干冷气候，喜深厚、排水良好的砂质土壤。生长速度中等，根系发达，为深根性树种，萌芽力强，寿命极长。

园林应用：树冠宽广，枝叶繁茂，寿命长而又耐城市环境，宜作行道树和庭荫树。

树冠　树皮　枝　花冠有紫色脉纹　荚果　花序　叶　园林应用　园林应用

金叶国槐

Sophora japonica 'Jinye'

科属：豆科槐属

形态：金叶国槐是国槐的变异品种。落叶乔木，树冠呈扁圆形。枝黄色，隐芽黑色；奇数羽状复叶互生，小叶卵形，全缘，比国槐叶片较舒展，平均长2.5cm，宽2cm，从端部到顶部大小均匀，小叶17~21枚。春季萌发的新叶及后期长出的新叶，在生长期的前4个月，均为金黄，在生长后期及树冠下部见光少的老叶，呈现淡绿色，所以其树冠在8月前为全黄，在8月后上半部为金黄色，下半部为淡绿色。圆锥花序顶生，花冠白色或淡黄色，旗瓣近圆形，长和宽约11mm，具短柄，有白色花纹。荚果念珠状，熟后不开裂，经冬不落。花期6~8月，果期9~10月。

分布与习性：同国槐。

园林应用：金叶国槐叶片的黄色为娇艳喜人的金黄色，远看似金花盛开，十分醒目。园林用途同国槐。

龙爪槐

Sophora japonica var. *japonica* f. *pendula*

科属： 豆科槐属

别名： 垂槐、盘槐

形态： 龙爪槐是国槐的变异品种。落叶乔木，树冠如伞，姿态优美，枝条绿色，具黄白色皮孔，上部蟠曲如龙，老树奇特苍古。奇数羽状复叶长达25cm；叶轴初被疏柔毛，旋即秃净；叶柄基部膨大，包裹着芽；圆锥花序顶生，常呈金字塔形，长达30cm；花梗比花萼短；小苞片2枚，形似小托叶；荚果串珠状，种子间缢缩不明显，种子排列较紧密，具肉质果皮，成熟后不开裂，具种子1~6粒；种子卵球形，淡黄绿色，干后黑褐色。花期7~8月，果期8~10月。

分布与习性： 产于华北、西北，抚顺、铁岭、沈阳及其以南地区有引种栽植。喜光，稍耐阴。能适应干冷气候。喜生于土层深厚、湿润肥沃、排水良好的砂质壤土。深根性，根系发达，抗风力强，萌芽力亦强，寿命长。对二氧化硫、氟化氢、氯气等有毒气体及烟尘有一定抗性。

园林应用： 龙爪槐姿态优美，宜孤植、对植、列植。

蝴蝶槐

Sophora japonica f. *oligophylla*

科属：豆科槐属

别名：五叶槐

形态：落叶乔木。树皮灰褐色，具纵裂纹；小枝绿色，皮孔明显。叶3~5枚顶端簇生，小叶常3裂，侧生小叶下部常有大裂片，叶背有毛。圆锥花序顶生，花冠白色或淡黄色。荚果念珠状，熟后不开裂，经冬不落。花期6~8月，果期9~10月。

分布与习性：国槐的变型。北京、辽宁南部、长江流域均有栽培。耐烟尘，能适应城市街道环境，对二氧化硫、氯气、氯化氢均有较强的抗性。石灰性、酸性及轻盐碱土上均可正常生长。

园林应用：蝴蝶槐叶形奇特，观赏性高，宜作行道树和庭荫树。

五角枫

Acer elegantulum

科属：槭树科槭属

别名：五角槭、色木

形态： 落叶乔木，高可达20m，树皮粗糙，常纵裂，灰色，稀深灰色或灰褐色。小枝细瘦，无毛，当年生枝绿色或紫绿色，多年生枝灰色或淡灰色，具圆形皮孔。冬芽近于球形，紫褐色。单叶对生，基部心形或浅心形，通常5裂，裂深达叶片中部，有时3或7裂，裂片卵状三角形，顶部渐尖或长尖，全缘，表面绿色，无毛，背面淡绿色，基部脉腋有簇毛。伞房花序，花多数，杂性，雄花与两性花同株，花瓣5，淡白色；翅果开展成钝角，花期在5月，果期9月。

分布与习性： 广布于东北、华北及长江流域各地，是中国槭树科中分布最广的一种。弱阳性，稍耐阴，喜温凉湿润气候，对土壤要求不严，深根性，生长速度中等，很少病虫害。

园林应用： 五角枫树形优美，叶、果秀丽，入秋叶色变为红色或黄色，宜作山地及庭园绿化树种，也可用作庭荫树、行道树或防护林。

形态：落叶乔木，高达10m，干皮灰黄色，浅纵裂，小枝灰黄色（一年生枝嫩绿色），光滑无毛，芽卵形，褐色；单叶对生，掌状5~7裂，裂片全缘，基部常截形，稀心形。伞房花序，翅果扁平，张开约成直角，翅长度等于或略长于果核。

分布与习性：主产于黄河中下游各地，东北南部及江苏北部。安徽南部也有分布。弱阳性，耐半阴，喜生于阴坡及山谷，喜温凉气候及肥沃、湿润而排水良好的土壤，有一定的耐寒力，但不耐涝。萌蘖性强，深根性，有抗风雪能力。

园林应用：元宝枫冠大荫浓，树姿优美，叶形秀丽，嫩叶红色，秋季叶又变成橙黄色或红色，是北方重要的秋色叶树种，广泛栽作庭荫树和行道树。

元宝枫

Acer truncatum

科属：槭树科槭属

别名：平基槭、华北五角槭、色树、元宝树、枫香树

形态对比

高20m

高10m

单叶对生,基部心形或浅心形

单叶对生，基部常截形，稀心形

翅果开展成钝角

翅果张开约成直角

五角枫　　　　元宝枫

茶条槭

Acer ginnala

科属：槭树科槭属

别名：茶条、华北茶条槭

形态：落叶小乔木，树皮灰褐色。幼枝绿色或紫褐色，老枝灰黄色。冬芽红紫色。单叶对生，纸质，卵形或长卵状椭圆形，常3裂，中裂片特大，基部圆形或近心形，边缘为不整齐疏重锯齿，近基部全缘，叶柄细长。花杂性同株，顶生伞房花序，多花。翅果，翅长约2cm，有时呈紫红色，果翅张开成锐角或近平行。花期5~6月，果熟期9月。

分布与习性：产于东北、内蒙古、华北及长江中下游各地。弱阳性，耐半阴，耐寒，在深厚而排水良好的砂质壤土下生长好，在烈日下树皮易受灼害，萌蘖性强，深根性。

园林应用：茶条槭树干直而洁净，花有清香，夏季果翅红色美丽，秋季叶色红艳，宜植于庭园观赏，尤其适合作为秋色树种点缀园林及山景，也可修剪成绿篱和整形树。

复叶槭

Acer negundo

科属：槭树科槭属

别名：糖槭

形态：落叶乔木，树高达10m。树皮黄褐色或灰褐色。小枝圆柱形，绿色被白粉，具灰褐色的圆点状皮孔；老枝灰色。冬芽卵形，褐色，密被灰白色的茸毛。奇数羽状复叶，对生，小叶3~5枚，卵形或椭圆状披针形，缘有不规则缺刻。雄花的花序聚伞状，雌花的花序总状，小枝旁边生出，花小，黄绿色，开于叶前，雌雄异株，花丝很长。翅果狭长，张开成锐角。

分布与习性：原产北美东南部，中国东北、华北、内蒙古、新疆及华东均有栽培。喜光，耐干冷，喜深厚、肥沃、湿润土壤，稍耐水湿，在中国东北地区生长良好。生长较快，寿命较短。

园林应用：本种枝叶茂密，入秋叶色金黄，颇为美观，宜作庭荫树、行道树及防护树种。在北方也常作四旁绿化树种。

金叶复叶槭

Acer negundo 'Aurea'

科属： 槭树科槭属

别名： 金叶梣叶槭、金叶糖槭

形态： 落叶乔木，高10m左右，属速生树种。树皮黄褐色或灰褐色。小枝光滑，奇数羽状复叶，对生，小叶3~5枚，椭圆形，长3~5cm，叶春季金黄色。叶背平滑，缘有不整齐粗齿。先花后叶，花单性，无花瓣。翅果的两翅成锐角。

分布与习性： 同复叶槭。

园林应用： 同复叶槭。

树皮　叶　花　园林应用

落叶乔木

红叶复叶槭

Acer negundo 'Flamingo'

科属：槭树科槭属

别名：粉叶复叶槭

形态：树形美观大方，树皮灰色，浅纵裂；当年生枝红色，多年生枝红褐色；冬芽卵形，紫红色。奇数羽状复叶对生，幼叶是柔和的红色，春季冒芽红色，夏季绿色，于每年7月下旬开始变成红色。

分布与习性：适合在山东到江浙地区以及东北沿海区种植。耐寒性强，能耐-40~-45℃低温，耐旱、喜光。

园林应用：观赏价值高，宜作庭荫树、行道树及防护树种。

形态：落叶小乔木或灌木，枝粗壮光滑，绿色，有时带紫红色。叶片为奇数羽状复叶，对生，小叶3~5枚，春季萌发时小叶卵形，有不规则锯齿，呈黄、白粉、红粉色，十分美丽；成熟叶呈现黄白色与绿色相间。花单性，无花瓣，花期3~4月，叶前开放。翅果黄白色与绿色相间，8~9月成熟。

分布与习性：在中国东北地区生长良好，华北尚可生长，但在湿热的长江下游却生长不良，生长强健，喜光，喜冷凉气候，耐轻盐碱，喜深厚、肥沃、湿润土壤，稍耐水湿。

园林应用：观赏价值高，宜作庭荫树、行道树及防护树种。

花叶复叶槭

Acer negundo var. *variegatum*

科属：槭树科槭属

枝
叶片
花
翅果
园林应用

落叶乔木

挪威槭

Acer platanoides

科属：槭树科槭属

别名：紫叶挪威槭，红国王、国王枫、红帝挪威槭、大叶红枫

形态：落叶乔木，树高9~12m，树冠卵圆形，树皮表面有细长的条纹，枝条粗壮。冬芽顶芽饱满，卵形，侧芽小；单叶对生，叶片掌状浅裂，呈锯齿状，长10~20cm。伞状花序黄绿色，叶前绽放。翅果长2.5~7.5cm，绿色、红色或棕色。

分布与习性：适合中国东北南部、西北、华北、华东、华中地区。长江以南地区有焦叶现象。长势强，易移栽，喜充足光照，可耐部分遮阴，耐干旱、耐盐碱能力中等，能忍受空气污染。

园林应用：挪威槭树干笔直，树冠宽大，秋色叶树种，适宜作行道树。

树冠　树皮　叶　枝条　冬芽　花序　秋叶　翅果　园林应用　园林应用

美国红枫

Acer rubrum

科属： 槭树科槭属

别名： 北方红枫、北美红枫、沼泽枫、加拿大红枫

形态： 落叶大乔木，高可达27m，树直立向上，树冠呈椭圆形或圆形；树皮灰色，光滑；老树皮粗糙，深灰色，有鳞片或皱纹。小枝冬季紫红色，老枝灰白色；冬芽卵形，紫红色，芽鳞明显；单叶对生，3~5裂，叶片巨大，手掌状，叶长10cm，叶表面亮绿色，叶背泛白，新生叶正面呈微红色，之后变成绿色，直至深绿色，叶背面是灰绿色，部分有白色茸毛。花为红色，稠密簇生，少部分微黄色，先花后叶。果实为翅果，多呈微红色，成熟时变为棕色，长2.5~5cm。

分布与习性： 原产美国东海岸。中国各城市有引种栽培。适应性较强，耐寒、耐旱、耐湿；酸性至中性的土壤使秋色更艳。对有害气体抗性强，尤其对氯气的吸收力强，可作防污染绿化树种。

园林应用： 美国红枫秋季色彩夺目，树冠整洁，可作园景树和行道树。

假色槭

Acer pseudo-sieboldianum

科属： 槭树科槭属

别名： 紫花槭、九角枫

形态： 落叶灌木或小乔木，高达8m。树皮灰色。小枝细瘦，当年生枝绿色或紫绿色，被白色疏柔毛；多年生枝灰色或淡灰褐色，被蜡质白粉。冬芽卵圆形；鳞片6枚，卵形，外侧密被疏柔毛。叶片单叶对生，基部心脏形或深心脏形，常9~11裂；裂片三角形或卵状披针形，先端渐尖，具尖锐的重锯齿；裂片间的凹缺狭窄，深及叶片的1/3~1/2，上面深绿色，下面淡绿色，嫩时叶片两面均被白色茸毛，秋季红色。伞房花序，花杂性，雄花与两性花同株；萼片5，紫色或紫绿色，披针形；花瓣5，白色或淡黄白色，倒卵形。翅果嫩时紫色，成熟时紫黄色；小坚果凸起，脉纹显著，翅倒卵形，基部狭窄，连同小坚果长2~2.5cm，宽5~6mm，张开成钝角。花期5~6月，果期9月。

分布与习性： 原产黑龙江东部至东南部、吉林东南部、辽宁东部。喜光，稍耐阴，耐寒。喜温凉湿润气候，耐干旱及瘠薄土壤。

园林应用： 叶形美观，深秋叶色变红、紫红等，为优良的观叶树种。宜丛植或片植，也可作风景林树种。

鸡爪槭

Acer palmatum

科属： 槭树科槭属

别名： 红枫、鸡爪枫、七角枫、槭树、青枫、日本红枫

形态： 落叶小乔木，树冠伞形，树皮深灰色，平滑。小枝细，当年生枝淡紫绿色；多年生枝淡灰紫色或深紫色。叶对生，纸质，掌状7~9裂，基部截形或心脏形，裂片先端尾状，边缘有不整齐锐齿或重锐齿，深达叶片直径的1/3或1/2；嫩叶密生柔毛，老叶平滑无毛。花紫色，杂性，伞房花序，4月开放。翅果张开成钝角，向上弯曲，10月成熟。

分布与习性： 产长江流域各地，北至山东，南达浙江。抗寒性较强，耐酸碱，能忍受较干旱的气候条件，喜疏阴，在富含腐殖质的土壤长势好。

园林应用： 鸡爪槭叶形美观，入秋后转为鲜红色，为优良的观叶树种，宜丛植于草坪或植于土丘、溪边、池畔和路隅、墙边、亭廊、山石旁。

落叶乔木

形态对比

多年生枝灰色或淡灰褐色

多年生枝淡灰紫色或深紫色

叶对生，基部心脏形或深心脏形，常9~11裂

叶对生，纸质，掌状7~9深裂，基部截形或心脏形

假色槭

鸡爪槭

三花槭

Acer triflorum

科属：槭树科槭属

别名：拧筋槭、拧筋子

形态：树皮灰褐色，薄片状剥裂。小枝灰褐色，有圆形点状皮孔。冬芽锥形，深褐色；叶为三出复叶，小叶纸质，长圆卵形或长圆披针形，稀长圆倒卵形，表面绿色，背面黄绿色，脉上有白色长毛，叶柄细瘦，淡紫色。伞房花序，花杂性，黄绿色，雄花与两性花异株，花梗有褐色柔毛。翅果张开呈锐角或近于直角，小坚果凸起，近于球形，翅黄褐色。花期4~5月，果期9月。

分布与习性：分布于中国东北三省及朝鲜北部。耐寒，喜光，稍喜阴，喜湿润肥沃土壤。

园林应用：三花槭入秋后叶色变红，为点缀庭园的良好观叶树种，宜作园景树。

垂柳

Salix babylonica

科属： 杨柳科柳属

形态： 落叶乔木，高达18m；树冠倒广卵形，树皮黑灰色，深纵裂。枝细长下垂，冬芽黄绿色，窄卵形。叶狭披针形至线状披针形，长3~16cm，先端渐长尖，缘有细锯齿，表面绿色，背面蓝灰绿色；叶柄长约1cm；托叶阔镰形，早落。雄花具2雄蕊，2腺体；雌花子房仅腹面具1腺体，花期3~4月。蒴果，果熟期4~5月。

分布与习性： 全国各地均有分布或栽培。喜光，喜温暖湿润气候及潮湿深厚的酸性及中性土壤。较耐寒，特耐水湿，萌芽力强，根系发达，生长迅速，寿命短，30年后渐趋衰老。

园林应用： 垂柳枝条细长，柔软下垂，随风飘扬，姿态优美潇洒，宜植于河岸及湖池边，也可用作行道树、庭荫树、固岸护堤树及平原造林树种。

金丝垂柳

Salix vitellina 'Pendula Aurea'

科属：杨柳科柳属

形态：落叶乔木，树冠长卵圆形或卵圆形，树皮黑灰色，深纵裂。枝条细长下垂， 生长季节枝条为黄绿色，落叶后至早春则为黄色，经霜冻后颜色尤为鲜艳。冬芽黄色，窄卵形。叶互生，狭长披针形，长9~14cm，缘有细锯齿。柔荑花序，花期3~4月。蒴果，果熟期4~5月。

分布与习性：沈阳以南大部分地区有栽培。喜光，较耐寒，性喜水湿，也能耐干旱，耐盐碱，以湿润、排水良好的土壤为宜。

园林应用：同垂柳。

旱柳

Salix matsudana

科属：杨柳科柳属

别名：柳树、河柳、江柳、立柳、直柳

形态：落叶乔木，高达20m。树冠广卵形，树皮暗灰黑色，纵裂，大枝斜展，嫩枝有毛，后脱落，淡黄色或绿色，冬芽卵形，黄色；叶披针形或条状披针形，先端渐长尖，长5~10cm，叶柄短，2~4mm，基部窄圆或楔形，无毛，下面略显白色，细锯齿，嫩叶有丝毛，后脱落。柔荑花序，雄蕊2，花丝分离，基部有长柔毛，腺体2。花期4月；果熟期4~5月。

分布与习性：中国三北地区及长江流域各地有分布，黄河流域为中心，是中国北方地区最常见的树种。喜光，不耐阴，喜水湿，耐干旱，对土壤要求不严。萌芽力强，根系发达，主根深，侧根和须根广布于各土层中。

园林应用：柳树枝叶柔软嫩绿，树冠丰满多姿，给人以亲切优美之感，适宜作园景树。

龙爪柳

Salix matsudana var. *matsudana* f. *tortuosa*

科属：杨柳科柳属

别名：龙须柳、龙柳

形态：落叶灌木或小乔木，株高可达3m，小枝绿色或绿褐色，不规则扭曲；冬芽褐色，紧贴枝。叶互生，线状披针形，缘有细锯齿，叶背粉绿，全叶呈波状弯曲。单性异株，柔荑花序。蒴果。

分布与习性：华北、东北、西北、华东等地均有分布，为北方平原地区常见的园林绿化树种。喜光，较耐寒、干旱。喜欢水湿、通风良好的砂壤土，在轻度盐碱地上可正常生长，对环境和病虫害适应性较强。

园林应用：枝条盘曲，适合冬季园林观景，也适合种植在绿地或道路两旁。

毛白杨

Populus tomentosa

科属： 杨柳科杨属

形态： 落叶乔木，树高可达30m，树冠圆锥形至卵圆形或圆形。树皮中幼龄时灰绿色，渐变为灰白色，皮孔菱形；老时基部黑灰色，纵裂，粗糙，干直或微弯，皮孔菱形散生，或2~4连生；侧枝开展，雄株斜上，老树枝下垂；小枝（嫩枝）初被灰毡毛，后光滑。芽卵形，微被毡毛。单叶互生，三角状卵形，叶缘有锯齿或缺刻（不裂）；幼时叶背密被白茸毛，老叶背面毛脱落。雌雄异株，柔荑花序。蒴果圆锥形或长卵形，2瓣裂。花期3月，果期4月。

分布与习性： 中国特产，主要分布于黄河流域，北至辽宁南部，南达江苏、浙江，西至甘肃东部，西南至云南均有分布。喜光及凉爽和较湿润气候，对土壤要求不严，一般在20年生之前高生长旺盛，而后加粗生长变快。寿命为杨属中最长的树种。

园林应用： 毛白杨树干灰白、端直，树形高大广阔，颇具雄伟气概，大型深绿色的叶片在微风吹拂时能发出欢快的响声，适宜作行道或庭荫树。

形态： 落叶乔木，树高可达25m，树冠宽大，广卵形或圆球形；树皮白色至灰白色，基部常粗糙。枝初被白色茸毛，灰绿或淡褐色。芽卵圆形，长4~5mm，先端渐尖，密被白茸毛，后局部或全部脱落，棕褐色，有光泽，叶痕倒三角形。叶掌状3~5浅裂，缘有粗齿或缺刻，裂片先端钝尖；老叶背面仍有白毛。雄花序长3~6cm；花序轴有毛，雄蕊8~10，花丝细长，花药紫红色；雌花序长5~10cm，花序轴有毛，雌蕊具短柄，花柱短，柱头2，有淡黄色长裂片。蒴果细圆锥形，长约5mm，2瓣裂。花期3~4月，果期4~5月。

分布与习性： 新疆有野生天然林分布，西北、华北、辽宁南部及西藏等地有栽培。喜光，不耐阴，抗寒性强，耐干旱，但不耐湿热。较耐瘠薄。深根性，根系发达，根萌蘖力强。正常寿命可达90年以上。

园林应用： 银白杨的叶片和灰白色的树干与众不同，叶子在微风中飘动有特殊的闪烁效果，高大的树形及卵圆形的树冠亦颇美观，用作庭荫树或于草坪孤植、丛植均宜。

银白杨 *Populus alba*

科属： 杨柳科杨属

形态对比

树皮中幼龄时灰绿色

树皮白色至灰白色

单叶互生，三角状卵形，叶缘有锯齿或缺刻（不裂）

叶掌状3~5浅裂，老叶背面仍有白毛

毛白杨　　银白杨

形态： 为银白杨的变种，树冠圆柱形，树皮灰绿色，老时灰白色，平滑，小枝绿色，枝直立向上。单叶互生，掌状3~5裂或深裂，老叶背面仍有白毛。

分布与习性： 主要分布在新疆，尤以南疆较多。喜光，耐干旱，耐盐碱，耐寒性不如银白杨。生长快，根系较深，萌芽性强。

园林应用： 新疆杨树形优美，适合作风景树、行道树及“四旁”绿化树种。

树冠 树皮 小枝 叶 园林应用 园林应用

胡杨

Populus euphratica

科属： 杨柳科杨属

别名： 变叶杨、异叶杨

形态： 落叶乔木，高达30m，胸径可达1.5m；树皮灰褐色，呈不规则纵裂沟纹；长枝和幼苗、幼树上的叶线状披针形或狭披针形，长5~12cm，全缘，顶端渐尖，基部楔形；短枝上的叶卵状菱形、圆形至肾形，长25cm，宽3cm，先端具2~4对楔形粗齿，基部截形，稀近心形或宽楔形。雌雄异株，柔荑花序，苞片菱形，上部常具锯齿，早落；雄花序长1.5~2.5cm，雄蕊23~27枚，具梗，花药紫红色；雌花序长3~5cm，子房具梗、柱头宽阔，紫红色；果穗长6~10cm。蒴果长椭圆形，长10~15mm，2裂，初被短茸毛，后光滑。花期5月，果期6~7月。

分布与习性： 胡杨产内蒙古西部、新疆、甘肃、青海。长期适应极端干旱的大陆性气候；可适应温度大幅度变化，喜光及土壤湿润，耐大气干旱，耐高温，也较耐寒；适生于10℃以上、积温2000~4500℃的暖温带荒漠气候，能够忍耐极端最高温45℃和极端最低温-40℃。

园林应用： 沙荒地、盐碱地的重要绿化树种，是沙漠地区绿洲的主要树种。

树皮　幼树上的叶　短枝上的叶　花序　蒴果　园林应用　园林应用

榆树

Ulmus pumila

科属：榆科榆属

别名：白榆、家榆、榆钱树、春榆、粘榔树

形态：落叶乔木，树皮暗灰色，纵裂，粗糙。小枝细长，排成二列状。冬芽近球形或卵圆形，芽鳞背面无毛，为1/2芽序排列。单叶互生；叶卵状长椭圆形，长2~6cm，先端尖，基部歪斜，缘有不规则单锯齿，羽状脉。花于早春叶前开，簇生于去年生老枝上。翅果近圆形，种子位于翅果中部。

分布与习性：产于东北、华北、西北及华东等地。喜光，耐寒，耐干旱瘠薄和盐碱土，抗旱，能适应干凉气候；不耐水湿。生长较快，寿命可达百年以上。萌芽力强，耐修剪。主根深，侧根发达，抗风、保土力强。

园林应用：榆树树干通直，树形高大，绿荫较浓，可作庭荫树、防护林及“四旁”绿化，也可用作绿篱、盆景。

金叶榆

Ulmus pumila 'Jinye'

科属： 榆科榆属

形态： 高可达10m，树冠丰满，树皮灰褐色浅纵裂。单叶互生，叶片卵圆形，金黄色，叶缘具锯齿，叶渐尖。聚伞花序生于叶腋。果翅黄白色，果梗较花被为短，中国北方地区4~5月开花，果期6~7月。

分布与习性： 2004年河北省林业科学研究院栽培成功，中国各地引种栽培。喜光，耐旱，耐寒，耐贫瘠，不择土壤，萌芽力强，耐修剪。根系发达，生长快，寿命长，叶面滞尘能力强。

园林应用： 金叶榆枝条密集，造型丰富，可用于道路、庭院及公园绿化。

树冠 树皮 叶 园林应用 园林应用 园林应用

垂枝榆

Ulmus pumila 'Tenue'

科属：榆科榆属

别名：垂榆

形态： 落叶乔木，高达25m，树干上部的主干不明显，分枝较多，树冠伞形；树皮灰白色，较光滑；大树皮暗灰色，不规则深纵裂，粗糙；一至三年生枝下垂而不卷曲或扭曲。冬芽近球形或卵圆形，芽鳞背面无毛，内层芽鳞的边缘具白色长柔毛。叶椭圆状卵形、长卵形、椭圆状披针形或卵状披针形，先端渐尖或长渐尖，基部偏斜或近对称，一侧楔形至圆，另一侧圆至半心脏形，叶背幼时有短柔毛，后变无毛或部分脉腋有簇生毛，边缘具重锯齿或单锯齿，侧脉每边9~16条。花先叶开放，在去年生枝的叶腋成簇生状。翅果近圆形，稀倒卵状圆形，长1.2~2cm，除顶端缺口柱头面被毛外，余处无毛，果核部分位于翅果的中部，初淡绿色，后白黄色，宿存花被无毛，4浅裂，裂片边缘有毛。花果期3~6月。

分布与习性： 内蒙古、河南、河北、辽宁及北京等地栽培。抗寒性强，气温达-35℃的情况下也能正常生长，无冻梢现象。对于城市环境具有较强的适应性。

园林应用： 垂枝榆树形、树干、枝、叶片和果实等方面均具观赏性，园林上常作园景树。

榔榆

Ulmus parvifolia

科属：榆科榆属

别名：小叶榆、掉皮榆（河南）、豺皮榆（山东）、挠皮榆、构树榆（江苏）、红鸡油（台湾）

形态：落叶乔木，高达25m，树冠广圆形，树干基部有时成板状根，树皮灰色或灰褐色，裂成不规则鳞状薄片剥落；老枝灰褐色，有锈色皮孔；冬芽卵圆形，红褐色。单叶互生，叶质地厚，披针状卵形或窄椭圆形，稀卵形或倒卵形，中脉两侧长宽不等，基部偏斜，叶面深绿色，有光泽，除中脉凹陷处有疏柔毛外，余处无毛，侧脉不凹陷，有钝而整齐的单锯齿，稀重锯齿（如萌发枝的叶）。花3~6数在叶腋簇生或排成簇状聚伞花序，花被上部杯状，下部管状，花被片4，深裂至杯状花被的基部或近基部，花梗极短，被疏毛。翅果椭圆形或卵状椭圆形，长10~13mm，宽6~8mm，果翅稍厚，两侧的翅较果核部分为窄，果核部分位于翅果的中上部，果梗较管状花被短，有疏生短毛。花果期8~10月。

分布与习性：辽宁以南各地的平原、丘陵、山坡及谷地均有分布。喜光，耐干旱，不择土壤，喜气候温暖，土壤肥沃、排水良好的中性土壤。

园林应用：榔榆树形优美，姿态潇洒，树皮斑驳，枝叶细密，在庭院中孤植、丛植，或与亭榭、山石配置，也可作造型树。

形态：落叶乔木，高达15m，树冠倒广卵形至扁球形。树皮灰褐色，平滑。枝深褐色，冬芽小。单叶互生，叶片卵形或卵状椭圆形，先端渐尖，叶缘中部以上具锯齿，叶基部偏斜，三出脉。花先叶开放，在去年生枝的叶腋成簇生状。核果近球形，熟时紫黑色。花期6月，果期10月。

分布与习性：产于东北南部、华北，经长江流域至西南、西北各地。稍耐阴，耐寒；喜深厚、湿润的中性黏质土壤。深根性，生长较慢，萌蘖力强。

园林应用：可孤植、丛植作庭荫树，亦可列植作行道树，可用于厂区绿化。

小叶朴

Celtis bungeana

科属：榆科朴属

别名：黑弹朴

树皮 枝和冬芽 花 果 叶 园林应用 花 园林应用

辽东栎

Quercus wutaishansea

科属：壳斗科栎属
别名：辽东柞、柴树

形态：落叶乔木，高达15m，树皮灰黑色，纵裂。幼枝绿色，无毛，老枝褐色，具淡褐色圆形皮孔，冬芽褐色，叶痕倒三角形。叶片互生或簇生，倒卵形至长倒卵形，顶端圆钝或短渐尖，基部窄圆形或耳形，叶缘有5~7对圆齿，叶面绿色，背面淡绿色，幼时沿脉有毛，老时无毛，侧脉每边5~（~10）条；叶柄长2~5cm，无毛。雄花序生于新枝基部，长5~7cm，花被6~7裂，雄蕊通常8枚；雌花序生于新枝上端叶腋，长0.5~2cm，花被通常6裂。坚果卵形至卵状椭圆形，直径1~1.3cm，长1.5~1.8cm，壳斗浅杯形，包着坚果约1/3；小苞片长三角形，长1.5cm，扁平微突起，被稀疏短茸毛。花期4~5月，果期9月。

分布与习性：分布于中国东北三省、内蒙古、中原及西北等地，朝鲜北部也有分布。喜温，耐寒、耐旱、耐瘠薄，生于山地阳坡、半阳坡、山脊上。

园林应用：辽东栎叶片大且美丽，常作园景树。

树皮　幼枝　老枝和冬芽　叶片　花序　壳斗　园林应用

蒙古栎

Quercus mongolica

科属：壳斗科栎属

别名：蒙栎、柞栎、柞树

形态：落叶乔木，高达30m，树皮灰褐色，纵裂。枝紫褐色，有棱，无毛。顶芽长卵形，微有棱，芽鳞紫褐色，有缘毛。叶片倒卵形至长倒卵形，顶端短钝尖或短突尖，基部窄圆形或耳形，叶缘7~10对钝齿或粗齿，幼时沿脉有毛，后渐脱落，侧脉每边7~11条；叶柄长2~8cm。雄花序生于新枝下部，长5~7cm；花被6~8裂，雄蕊通常8~10枚；雌花序生于新枝上端叶腋，长约1cm。坚果卵形至长卵形，直径1.3~1.8cm，高2~2.3cm，壳斗杯形，包着坚果1/3~1/2，壳斗外壁小苞片三角状卵形，呈半球形瘤状突起。花期4~5月，果期9月。

分布与习性：产于中国东北、内蒙古、河北、山东等地。俄罗斯、朝鲜、日本也有分布，世界多地均有栽种。喜温暖湿润气候，能耐一定寒冷和干旱，对土壤要求不严，耐瘠薄，不耐水湿。根系发达，有很强的萌蘖性。

园林应用：蒙古栎树冠卵圆形，叶片大且美，常作园景树。

树皮　枝　叶片　坚果和壳斗　园林应用　园林应用

形态对比

老枝褐色，具淡褐色圆形皮孔

枝紫褐色

叶片边缘有5~7对圆齿，侧脉每边5~（~10）条

叶片叶缘7~10对钝齿或粗齿，侧脉每边7~11条

坚果卵形至卵状椭圆形，壳斗浅杯形，包着坚果约1/3，小苞片扁平微突起

坚果卵形至长卵形，壳斗杯形，包着坚果1/3~1/2，壳斗外壁小苞片呈半球形瘤状突起

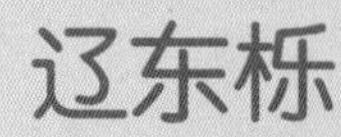

蒙古栎

北美红栎

Quercus rubra

科属： 壳斗科栎属

别名： 红槲栎、红栎树、北方红栎、美国红栎、美国橡树

形态： 落叶乔木，成年树高达18~30m，树皮灰褐色，纵裂。树冠圆形至圆锥形。小枝呈绿色或红棕色，有棱，冬芽锥形，红褐色。叶柄长2.5~5.0cm，叶大，互生，倒卵形，有光泽，两侧有4~6对大的裂片，春夏叶片亮绿色有光泽，秋季叶色逐渐变为粉红色、亮红色或红褐色，直至冬季落叶，持续时间长。雄性柔荑花序，花黄棕色，下垂，4月底开放。坚果棕色，球形。

分布与习性： 原产美国东部，欧洲及中国长江中下游有分布，各地有引种栽培。喜光、耐半阴，在林冠下生长不良，充足的光照可使秋季叶色更加鲜艳。主根发达、耐瘠薄，萌蘖性强，抗性强；喜砂壤土或排水良好的微酸性土壤，对贫瘠、干旱、不同酸碱度的土壤适应性均强。

园林应用： 北美红栎是优良的城市秋色叶观赏树种，用于街道、公园、校园和球场的遮阴树，可用于地被恢复，特别适合大面积栽培。

树皮　树冠　小枝和冬芽　叶　花序　坚果　园林应用

板栗

Castanea mollissima

科属： 壳斗科栗属

别名： 栗、中国板栗

形态： 高达20m的落叶乔木，树皮暗灰色，不规则深裂，有纵沟，皮上有许多黄灰色的圆形皮孔。小枝灰褐色，冬芽长约5mm。单叶互生，叶椭圆形至椭圆状披针形；先端渐尖，基部圆形或广楔形，缘齿尖芒状，背面常有灰白色柔毛。雌雄同株，雄花为柔荑花序，雌花单独或数朵生于总苞内。坚果总苞密被长针刺，坚果1~3个包裹于球形总苞内，熟时开裂。花期4~5月，果期9月。

分布与习性： 中国特产树种，栽培历史悠久，以华北和长江流域栽培较集中，其中河北省是著名产区。喜光，北方品种较耐寒，南方品种则喜温暖而不怕炎热。喜微酸性或中性土壤。深根性，根系发达，根萌蘖力强，寿命长，可达200~300年。

园林应用： 板栗树冠圆广，枝茂叶大，公园草坪及坡地孤植或群植，也可用作山区绿化造林和水土保持树种。

白桦

Betula platyphylla

科属：桦木科桦木属

别名：粉桦、桦树、桦木、桦皮树

形态：落叶乔木，高可达27m；树皮灰白色，成层剥裂；小枝暗灰色或褐色，冬芽褐色卵形。单叶互生，叶厚纸质，多三角状卵形、三角状菱形、三角形，顶端锐尖、渐尖至尾状渐尖，基部截形、宽楔形或楔形，有时微心形或近圆形，边缘具重锯齿，有时具缺刻状重锯齿或单齿，叶背密生腺点，侧脉5~7（~8）对。雄花序圆柱形或矩圆状圆柱形，通常下垂。果序单生，圆柱形或矩圆状圆柱形，通常下垂，长2~5cm，直径6~14mm；小坚果狭矩圆形、矩圆形或卵形，长1.5~3mm，宽1~1.5mm，背面疏被短柔毛，膜质翅较果长1/3，与果等宽或较果稍宽。

分布与习性：产于中国东北、华北、西北及云南、西藏东南部。喜光，不耐阴；耐寒、耐瘠薄；喜酸性土，沼泽地、干燥阳坡及湿润阴坡都能生长；深根性。

园林应用：适宜丛植于庭园、公园的草坪、池畔、湖滨或列植于道旁。中国北方，在草原上、森林里、山野路旁可见成片栽植的白桦林。

紫叶桦

Betula pendula 'Purpurea'

科属：桦木科桦木属

形态：落叶乔木，干皮白色，枝紫色，下垂，有白色皮孔。冬芽紫色，锥形。单叶互生，紫色，卵形或阔卵形。花单性，雌雄同株，为柔荑花序，直立或下垂。果实为柔荑果序。

分布与习性：紫叶桦产于欧洲。中国北京、大连等地有栽培。喜光，耐寒，耐干旱。

园林应用：适于湿润处片植或小片群植于其他林分中构成风景林，不宜散植或孤植。

枫杨

Pterocarya stenoptera

科属：胡桃科枫杨属

别名：麻柳、蜈蚣柳

形态：落叶乔木，树皮老时深纵裂。小枝灰色至暗褐色，具灰黄色皮孔；叶痕倒三角形，叶迹3组；裸芽具柄，密被锈褐色盾状着生的腺体。叶为偶数或奇数羽状复叶，小叶10~16枚（稀6~25枚），无小叶柄，对生或稀近对生，长椭圆形至长椭圆状披针形，顶端常钝圆或稀急尖，基部歪斜，上方一侧楔形至阔楔形，下方一侧圆形，边缘有向内弯的细锯齿，上面被有细小的浅色疣状凸起，叶轴有翼。雄性柔荑花序单独生于去年生枝条上的叶痕腋内，雄花常具1（稀2或3）枚发育的花被片，雌性柔荑花序顶生，雌花几乎无梗；坚果具两翅。花期4~5月，果熟期8~9月。

分布与习性：广布于华北、华中、华南和西南各地，在长江流域和淮河流域最为常见。喜光，喜温暖湿润气候，也较耐寒，对土壤要求不严。深根性，主根明显，侧根发达，萌芽力强。

园林应用：枫杨树冠宽广，枝叶茂密，适宜作庭荫树或行道树，又因枫杨根系发达、较耐水湿，常作水边护岸固堤及防风林树种。

核桃

Juglans regia

科属：胡桃科胡桃属

别名：胡桃

形态：树皮灰白色，老时深纵裂。小枝无毛，深褐色。复叶互生，小叶5~9枚，椭圆形、倒卵状椭圆形，长6~14cm，基部钝圆或偏斜，全缘，幼树或萌芽枝上的叶有锯齿，侧脉常在15对以下，表面光滑，背面脉腋有簇毛。雄花为柔荑花序，雌花顶生成穗状花序。核果球形；果核近球形，先端钝，有2脊及不规则浅刻纹。

分布与习性：原产中国新疆及阿富汗、伊朗一带。各地广泛栽培，品种很多。喜光，喜温暖凉爽气候，耐干冷，不耐湿热。喜深厚、肥沃、湿润而排水良好的微酸性至微碱性土壤。深根性，有粗大的肉质直根，怕水淹。

园林应用：核桃树冠庞大雄伟，枝叶茂密，绿荫覆地，适于孤植、丛植于草地或园中隙地，也可成片栽植于风景名胜区及疗养区等。

树皮 小枝 叶 雄花 核果 果核 园林应用

形态：落叶乔木。树皮灰色，浅纵裂。小枝黄褐色，被毛，冬芽黄色被毛，叶痕为倒三角形，像猴脸。奇数羽状复叶，互生，小叶9~17枚，叶缘有锯齿，小叶几无柄。雄花为柔荑花序。核果卵形，顶端尖，有腺毛；果核长卵形，具8条纵脊。

分布与习性：主产中国东北东部山区，多散生于沟谷两岸及山麓。强喜光树种，不耐庇阴，耐寒；喜湿润、深厚、肥沃而排水良好的土壤。根系庞大，深根性，能抗风，有萌蘖性，长速中等。

园林应用：胡桃楸树干通直，树冠宽卵形，枝叶茂密，孤植、丛植于草坪，或列植路边。

核桃楸

Juglans mandshurica

科属：胡桃科胡桃属

别名：胡核楸、楸子

形态对比

小枝无毛，深褐色

小枝黄褐色，被毛

复叶互生，小叶5~9枚，椭圆形、倒卵状椭圆形，全缘

奇数羽状复叶，互生，小叶9~17枚，叶缘有锯齿

核果球形，先端钝；果核近球形，有2脊及不规则浅刻纹

核果卵形，顶端尖，有腺毛；果核长卵形，具8条纵脊

核桃

核桃楸

白玉兰

Magnolia denudata

科属：木兰科木兰属

别名：玉兰、望春花、木花树

形态：成熟大树呈宽卵形或松散广卵形，枝广展，树皮呈灰白色，密被皮孔。小枝稍粗壮，灰褐色；冬芽及花梗密被淡灰黄色长绢毛；单叶互生，叶倒卵状长椭圆形，长10~15cm，先端短突尖，基部广楔形或近圆形，幼时背面有毛，两面网脉均很明显；叶柄长1.5~2cm，疏被微柔毛；托叶痕为叶柄长的1/4~1/3。花期4月，先叶开放，极香，花纯白色，花萼花瓣相似，共9片；外形极像莲花，盛开时，花瓣展向四方，雄蕊的药隔伸出长尖头；雌蕊群被微柔毛，雌蕊群柄长约4mm。果实为疏生的圆柱形蓇葖聚合果，熟时鲜红色。种子有红色假种皮。

分布与习性：原产中国中部各地，现辽宁、北京及黄河流域以南均有栽培。喜光，较耐寒，喜高燥，忌低湿，栽植地渍水易烂根。喜肥沃、排水良好而带微酸性的砂质土壤，在弱碱性的土壤上亦可生长。

园林应用：白玉兰先花后叶，花洁白、美丽且清香，早春开花时犹如雪涛云海，蔚为壮观，在庭园路边、亭台前后、角隅等处群植、丛植、孤植均可。

二乔玉兰

Magnolia soulangeana

科属： 木兰科木兰属

别名： 朱砂玉兰、紫砂玉兰

形态： 高6~10m。为玉兰和木兰的杂交种，树皮呈灰白色，密被皮孔。小枝紫褐色。冬芽及花梗密被淡灰黄色长绢毛。单叶互生，有时呈螺旋状，宽倒卵形至倒卵形，长10~18cm，宽6~12cm，先端圆宽、平截或微凹，具短突尖，故又称凸头玉兰；中部以下渐狭楔形，全缘；表面有光泽，背面叶脉上有柔毛，淡绿色；叶基部有托叶或附属物，托叶有两种，枝端芽末的托叶贴生于幼茎上与叶柄分离，呈覆瓦状；叶部托叶散生，瓦刀状，黏着叶柄基部两侧，幼枝上残存环状托叶痕。花大，单生枝顶，钟状，花外面淡紫色，里面白色，花大而芳香，花瓣6，萼片3，花瓣状，稍短。聚合果圆筒状，红色至淡红褐色，果成熟后裂开，种子具鲜红色肉质状外种皮。花期4月，果期9月。

分布与习性： 中国东北南部、华北、华中及江苏、陕西、四川、云南等地均有栽培。喜阳光和温暖湿润的气候，对温度很敏感，能在–20℃条件下安全越冬。肉质根不耐积水，低洼地与地下水位高的地区都不宜种植。

园林应用： 二乔木兰是早春色、香俱全的观花树种，宜配植于庭院或丛植于草地边缘。

厚朴

Magnolia officinalis

科属：木兰科木兰属

别名：厚皮、重皮、赤朴、烈朴、川朴、紫油厚朴

形态：落叶乔木，高达20m；树皮厚，褐色，小枝粗壮，淡黄色或灰黄色；不开裂；冬芽大，4~5cm，有黄褐色茸毛。叶簇生于枝端，叶倒卵状椭圆形，叶大，长30~45cm，宽9~20cm，叶表光滑，叶背初时有毛，后有白粉，网状脉上密生柔毛，侧脉30对以上，叶柄粗，托叶痕达叶柄中部以上。花顶生，白色，有芳香，径14~20cm，萼片与花瓣一共9~12枚或更多。聚合果圆柱状，初为绿色，成熟时粉红色。花期5月，先叶后花。

分布与习性：分布于长江流域和陕西、甘肃南部。喜光，但能耐侧方庇阴，喜生于空气湿润、气候温暖之处，不耐严寒酷暑。喜湿润而排水良好的酸性土壤。

园林应用：厚朴叶大荫浓，园林应用可作庭荫树、园景树。

落叶乔木

天女木兰

Magnolia sieboldii

科属：木兰科木兰属

别名：天女花

形态：落叶小乔木，高可达10m，树皮灰白色，当年生小枝细长，淡灰褐色。冬芽卵形，叶痕圆形或心形。单叶互生或簇生，倒卵形或宽倒卵形，先端骤狭急尖或短渐尖，基部阔楔形、钝圆、平截或近心形，上面中脉及侧脉被弯曲柔毛，下面白色，有散生金黄色小点，中脉及侧脉被白色长绢毛，侧脉每边6~8条，叶柄被褐色及白色平伏长毛，托叶痕约为叶柄长的1/2。花与叶同时开放，白色，芳香，杯状，盛开时碟状，直径7~10cm；花梗密被褐色及灰白色平伏长柔毛，着生平展或稍垂的花朵；花被片9，近等大，外轮3片长圆状倒卵形或倒卵形，长4~6cm，宽2.5~3.5cm，基部被白色毛，顶端宽圆或圆，内两轮6片，较狭小，基部渐狭成短爪；雄蕊紫红色，长9~11mm，花药长约6mm，两药室邻接，花丝长3~4mm；雌蕊群椭圆形，绿色，长约1.5cm。聚合果熟时红色，倒卵圆形或长圆体形，成熟时沿背缝线二瓣全裂，顶端具长约2mm的喙；种子心形，外种皮红色，内种皮褐色。

分布与习性：分布于中国辽宁、安徽、浙江、江西、广西、福建北部。适合生长在海拔1600~2000m的山地，各地平原已经广泛引种栽培。

园林应用：天女木兰花色美丽，具长花梗，随风招展，为庭园观赏树种。

桑树 *Morus alba*

科属：桑科桑属

形态： 落叶乔木，树皮灰褐色。枝黄色，冬芽黄褐色，扁圆形，叶痕半圆形。单叶互生，叶卵形或卵圆形，长6~15cm，先端尖，基部圆形或心形，锯齿粗钝，幼树之叶有时分裂，表面光滑，有光泽，背面脉腋处有簇毛。雌雄异株，柔荑花序，雄花序早落，雌花序长1~2cm，花柱不明显或无。小瘦果包藏于肉质花被内，集成圆柱形聚花果——桑葚，熟时红色、紫黑色或近白色。

分布与习性： 原产中国中部，现南北各地广泛栽培，尤以长江中下游分布多。喜光，喜温暖，适应性强，耐寒，耐干旱瘠薄和水湿，在微酸性、中性、石灰质和轻盐碱土壤上均能生长。深根性，根系发达，萌芽力强，耐修剪，易更新，生长快，抗风力强，寿命中等。

园林应用： 桑树树冠宽阔，枝叶茂密，秋季叶色变黄，颇为美观，且能抗烟尘及有害气体，适于工矿区及农村“四旁”绿化，城市园林中可做独赏树与喜阴花灌木配置树坛。

树皮 枝 冬芽和叶痕 桑葚 叶 雌花序 园林应用 园林应用

蒙桑

Morus mongolica

科属：桑科桑属

形态：小乔木或灌木，树皮灰褐色，纵裂；小枝暗红色，老枝灰黑色；冬芽卵圆形，褐色。单叶互生，长椭圆状卵形，先端尾尖，基部心形，边缘具三角形单锯齿，稀为重锯齿，齿尖有长刺芒，有不规则缺刻，基生叶脉三至五出，侧脉羽状。花雌雄异株或同株，或同株异序，雄花序长3cm，雌雄花序均为穗状；雄花花被暗黄色，雄蕊与花被片对生，在花芽时内折；雌花，花被片覆瓦状排列，结果时增厚为肉质。聚花果长1.5cm，成熟时红色至紫黑色。花期3~4月，果期4~5月。

分布与习性：南北各地广泛栽培。喜光，喜温暖，适应性强，耐寒，耐干旱瘠薄和水湿，在微酸性、中性、石灰质和轻盐碱土壤上均能生长。深根性，根系发达，萌芽力强，耐修剪，易更新，生长快，抗风力强，寿命中等。

园林应用：蒙桑树冠宽阔，枝叶茂密，秋季叶色变黄，颇为美观，且能抗烟尘及有害气体，适于城市、工矿区及农村“四旁”绿化，是水土保持、防风固沙的优良树种。

龙桑

Morus alba 'Tortuosa'

科属：桑科桑属

别名：龙曲桑、龙头桑、云龙桑、龙拐桑

形态：落叶乔木，树皮黄褐色，纵裂。枝黄色，枝条均呈龙游状扭曲；冬芽黄褐色，叶痕半圆形。单叶互生，叶片心脏形和卵圆形，有光泽，叶长15~18cm，先端尖或钝，基部圆形或心脏形，边缘具粗锯齿或有时不规则分裂，表面无毛，背面脉上或脉腋有毛。花单生，雌雄异株，腋生柔荑花序。花期4月，聚花果5~6月成熟，黑紫色或白色。

分布与习性：原产中国中部，现南北各地广泛栽培，尤以长江中下游分布多。喜光，喜温暖，适应性强，耐寒，耐干旱瘠薄和水湿，在微酸性、中性、石灰质和轻盐碱土壤上均能生长。深根性，根系发达，萌芽力强，耐修剪，易更新，生长快，抗风力强，寿命中等。

园林应用：龙桑枝条扭曲似游龙，树冠丰满，枝叶茂密，秋叶金黄，适生性强，且能抗烟尘及有害气体，成片、成行、散植、孤植均宜。

构树

Broussonetia papyrifera

科属：桑科构属

别名：构桃树、构乳树、楮树、谷浆树

形态：落叶乔木，高达16m；树冠卵形至广卵形；树皮平滑，浅灰色或灰褐色，全株含乳汁，小枝密生柔毛。单叶互生，有时近对生，叶卵圆至阔卵形，先端尖，基部圆形或近心形，边缘有粗齿，3~5深裂（幼枝上的叶更为明显），两面有厚柔毛；叶柄长3~5cm，密生茸毛。花雌雄异株，雄花序为柔荑花序，雌花序球形头状，苞片棍棒状，顶端被毛，花被管状，顶端与花柱紧贴。葚果球形，熟时橙红色或鲜红色。花期4~5月，果期7~9月。

分布与习性：分布于中国黄河、长江和珠江流域。强喜光树种，适应性特强，耐旱、耐瘠薄、耐修剪、抗污染性强。根系浅，侧根分布很广，生长迅速，萌芽力和分蘖力强。

园林应用：构树枝叶茂密，适合用作矿区及荒山坡地绿化，也可选作庭荫树及防护林用。

紫椴

Tilia amurensis

科属： 椴树科椴树属

别名： 阿穆尔椴、籽椴、小叶椴、椴树

形态： 落叶乔木，高可达20~30m。树皮灰褐色，小枝黄褐色或红褐色，有光泽；冬芽黄褐色，卵圆形。单叶互生，阔卵形或近圆形，长4~8cm，宽4~7.5cm，边缘具不整齐锯齿，齿间具小芒刺块，先端尾状尖，偶具1~3裂片，表面暗绿色，无毛，背面淡绿色，仅脉腋处簇生褐色毛。聚伞花序下垂，花黄色，苞片倒披针形或匙形，长4~5cm，与花柄下部相连。核果球形，长5~7mm，被褐色短毛。

分布与习性： 产于东北、内蒙古及河北、山东等地。喜光，也相当耐阴，耐寒性强，喜冷凉气候及深厚、肥沃而湿润的土壤。适宜于山沟、山坡或平原生长。

园林应用： 树冠整齐，枝叶茂密，遮阴效果好，花黄色而芳香，是北方优良的庭荫树及行道树，但目前城市绿地及园林中应用较少。

糠椴

Tilia mandschurica

科属： 椴树科椴树属

别名： 大叶椴、菩提树

形态： 落叶乔木，树冠广卵形。树皮暗灰色，有浅纵裂。当年生枝黄绿色，密生灰白色星状毛。冬芽卵形，紫红色。单叶互生，广卵形，长8~10cm，宽7~9cm，基部歪心形，叶缘锯齿粗而有突出尖头，表面有光泽，背面密生灰色星状毛。聚伞花序下垂，苞片窄长圆形或窄倒披针形，与花柄下部相连。核果球形，长7~9mm，有5条不明显的棱，密被黄褐色星状毛。花期7月，果实9月成熟。

分布与习性： 产于东北及河北、内蒙古、山东和江苏北部。朝鲜及俄罗斯西伯利亚南部有分布。喜光、较耐阴，喜凉爽湿润气候和深厚、肥沃而排水良好的中性和微酸性土壤。耐寒，抗逆性较差，在干旱瘠薄土壤生长不良，夏季干旱易落叶，不耐烟尘污染。深根性，主根发达，耐修剪。病虫害很少。

园林应用： 糠椴树冠整齐，树叶美丽，树姿清幽，夏日浓荫铺地，黄花满树，且具芳香，可作庭荫树、行道树，但目前城市绿地及园林中应用较少。

树皮　当年生枝和冬芽　苞片　叶　花序　核果　园林应用　园林应用

文冠果

Xanthoceras sorbifolia

科属：无患子科文冠果属

别名：文冠木、文官果、土木瓜、木瓜、温旦

形态：落叶小乔木或灌木。树皮深灰色，纵裂；枝深褐色，冬芽深褐色，卵形或扁圆形，叶痕半圆形。奇数羽状复叶互生，小叶9~19枚，长椭圆形至披针形，先端尖，基部楔形，缘有锯齿，无柄，多对生。总状花序，多为两性花，分可孕花和不孕花，生于枝顶花序的中上部为可孕花，多能结实；腋生花序和顶生花序的下部花多为不孕花，不能结实，花白色，基部有斑晕，花5瓣，美丽而具香气；花盘5裂，裂片背面有一橙色角状附属物；雄蕊8枚。蒴果椭球形，具木质厚壁，瓣裂。花期4~5月，果期9月。

分布与习性：原产中国北部。喜光，也耐半阴，耐干旱、瘠薄及盐碱，不耐涝，抗寒能力强，深根性，主根发达，萌蘖力强，生长快。

园林应用：文冠果花大而花朵密，春天白花满树，花期可持续20多天，可作园景树，也可用于大面积绿化造林。

栾树

Koelreuteria paniculata

科属：无患子科栾树属

别名：大夫树、灯笼树

形态：落叶乔木，树冠近球形。树皮灰褐色，细纵裂，枝褐色，有棱；冬芽深褐色，叶痕倒三角形。奇数羽状复叶互生，有时呈不完全的二回羽状复叶，长40cm，小叶7~15枚，卵形或卵状椭圆形，缘有不规则粗齿。圆锥花序顶生，花黄色。蒴果三角状卵形，顶端尖，成熟时红褐色或橘红色。花期7~8月，果期9月。

分布与习性：产于中国北部及中部。以华北最为常见。喜光，耐半阴，耐寒、耐干旱及瘠薄，喜生于石灰质土壤，也能耐盐渍及短期水涝。深根性，萌蘖力强。生长速度中等。

园林应用：栾树树形端正，枝叶茂密而美丽，春季嫩叶多为红色，入秋叶色变黄，夏季开花，满树金黄，十分美丽，宜作庭荫树、行道树及园景树。

柽柳

Tamarix chinensis

科属： 柽柳科柽柳属

别名： 西河柳、西湖柳、红柳、荫柳

形态： 落叶灌木或小乔木。树皮红褐色；枝红紫色或淡棕色，枝条细长常下垂。叶互生，披针形，鳞片状，小而密生，呈浅蓝绿色。总状花序集生于当年生枝顶，组成圆锥状复花序，花小而密，粉红色，夏秋开花，有时一年开三次花。蒴果。10月成熟，通常不结实。

分布与习性： 原产中国，分布极广。喜光，耐寒，耐热，耐烈日暴晒，耐干又耐水湿，抗风又耐盐碱。深根性，根系发达，萌芽力强，耐修剪和刈割，生长较快。

园林应用： 柽柳枝条细柔，姿态婆娑，开花如红蓼，颇为美观。在庭院中可作绿篱用，适于水滨、池畔、桥头、河岸、堤防绿化美化。

梓树

Catalpa ovata

科属： 紫葳科梓树属

别名： 梓、水桐、河楸、臭梧桐、黄花楸、水桐楸、木角豆

形态： 落叶乔木。树冠倒卵形或椭圆形，树皮褐色或黄灰色。枝黄褐色，叶痕圆形，冬芽褐色，卵圆形。单叶对生或3枚轮生，叶广卵形或近圆形，长10~30cm，通常3~5浅裂，叶有毛，基部脉腋有紫斑，侧脉4~6对。圆锥花序顶生，长10~18cm，花序梗，微被疏毛，长12~28cm；花梗疏生毛；花冠钟状，浅黄色，长约2cm，二唇形，上唇2裂，长约5mm，下唇3裂，中裂片长约9mm，侧裂片长约6mm，边缘波状，筒部内有2黄色条带及暗紫色斑点。蒴果细长如筷，下垂，深褐色，长20~30cm，粗5~7mm，冬季不落。花期6~7月，果期8~10月。

分布与习性： 分布很广，东北、华北、华南等地均有，以黄河中下游为分布中心。稍耐阴，适生于温带地区，颇耐寒，喜深厚、肥沃、湿润土壤，不耐干旱瘠薄，能耐轻盐碱土。

园林应用： 梓树树冠宽大，宜作行道树、庭荫树及村旁、宅旁绿化树种。

树皮
枝和叶痕、冬芽
叶
叶
花序
基部脉腋有紫斑
蒴果
园林应用
园林应用

形态：落叶乔木。高6~10m；树冠伞状，树皮褐色或黄灰色。叶卵心形至卵状长圆形，长15~30cm，顶端长渐尖，基部截形至浅心形，上面亮绿色，叶下面密被短柔毛；叶柄长10~15cm。圆锥花序顶生，长约15cm；苞片2，线形，长3~4mm；花萼2裂，裂片2，舟状，花冠白色，喉部有2黄色条纹及紫色细斑点，长4~5cm，口部直径4~6cm，裂片开展。蒴果圆柱形，黑色，长30~55cm，宽10~20mm，2瓣开裂。种子椭圆形，长25~35mm，宽6~10mm，两端有极细的白色丝状毛。花期5~6月，果期8~9月。

分布与习性：原产美国中部至东部。中国各地均有栽培。喜深厚肥沃平原土壤，生长迅速。

园林应用：同梓树。

黄金树

Catalpa speciosa

科属：紫葳科梓树属

别名：白花梓树

形态对比

叶广卵形或近圆形，长10~30cm，通常3~5浅裂，基部有紫色斑点

叶卵心形至卵状长圆形，背面有毛

圆锥花序顶生，长10~18cm，花冠浅黄色

圆锥花序顶生，长15cm，花冠白色

蒴果细长如筷，下垂，熟时深褐色，长20~30cm，粗5~7mm

蒴果圆柱形，熟时黑色，长30~55cm，宽10~20mm

梓树　　　　黄金树

Tips：楸红梓黄黄金白，即指3个树种的花色：楸树淡红色，梓树浅黄色，黄金树白色

形态：小乔木或灌木。树皮灰黑色，新枝黄褐色或红褐色，髓部黄色，冬芽黑色，锥形。单叶互生，倒卵形，先端圆形或微凹，基部圆形或阔楔形，全缘，两面或尤其叶背显著被灰色柔毛，全缘，侧脉6~11对，先端常叉开；叶柄长1~4cm。圆锥花序顶生，花杂性，紫绿色羽毛状细长花梗宿存。果序长5~20cm，核果肾形，径3~4mm。花期4~5月，果熟期6~7月。

分布与习性：产于中国西南、华北和浙江等地。喜光，也耐半阴，耐干旱瘠薄和碱性土壤，但喜深厚、肥沃而排水良好的砂壤土，抗二氧化硫能力较强，不耐水湿。根系发达，萌蘖性强，长势快。

园林应用：黄栌为重要的观赏红叶树种，叶片秋季变红，鲜艳夺目，初夏花后有淡紫色羽毛状的花梗宿存树梢，适宜丛植于草坪、土丘或山坡。

黄栌 *Cotinus coggygria*

科属：漆树科黄栌属

紫叶黄栌

Cotinus coggygria 'Atropurpureus'

科属：漆树科黄栌属

形态：黄栌的园林栽培变种。小乔木或灌木。树皮灰黑色，树冠圆形或半圆形；小枝红紫色，髓紫红色。单叶互生，卵形至倒卵形，先端圆或微凹，叶全缘，春季呈红紫色，夏季暗紫色，秋季转为紫红色。叶及枝表面密被白色柔毛。圆锥状花序顶生于新梢，无杂色，小型，4~8个小穗附生，每个小穗开花4~6朵，小花粉紫色，多数花不孕；花梗宿存，紫红色，羽毛状，长约23cm。果序长5~10cm，果实紫红色，扁状，肾形，径3~4mm。花期5~6月，果期7~8月。

分布与习性：原产美国，适应范围广泛，可在中国东北南部、华北、华东、西南及西北海拔1500m以下的大部分地区推广栽培。喜光，也耐半阴，耐干旱瘠薄和碱性土壤，具较强抗二氧化硫能力，喜深厚、肥沃而排水良好的砂壤土，不耐水湿。根系发达，萌蘖性强，长势快。

园林应用：紫叶黄栌树姿优美，茎、叶、果都有很高的观赏价值，秋季叶片经霜变更红，色彩更鲜艳，看起来很壮观。其果形别致，果实成熟时颜色鲜红、艳丽夺目，园林用途同黄栌。

火炬树

Rhus typhina

科属：漆树科盐肤木属

别名：火炬漆、加拿大盐肤木

形态：落叶小乔木，高达12m。树皮深褐色，具皮孔，分枝少，小枝粗壮并密被褐色茸毛，冬芽黄褐色，有毛，柄下芽。奇数羽状复叶互生，小叶19~23（11~31）枚，长椭圆状至披针形，长5~13cm，缘有锯齿，先端长，渐尖，基部圆形或广楔形，缘有整齐锯齿；叶表面绿色，背面粉白，均被密柔毛，老时脱落。圆锥花序顶生，密生茸毛，花淡绿色，雌花序及果穗鲜红色，形同火炬，冬季宿存。花期6~7月，果期9~11月。

分布与习性：原产北美，常在开阔的砂土或砾质土上生长。中国各地有引种栽培。喜光树种，耐寒，耐干旱瘠薄，耐水湿，耐盐碱，水平根系发达，萌蘖性强，适应性极强，生长迅速，一年可成林。

园林应用：火炬树果穗红艳似火炬，夏秋缀于枝头，秋叶鲜红色，宜丛植于坡地、公园角落，也是固堤、固沙、保持水土的好树种。

树皮　小枝和冬芽　叶　叶背面　小枝密被茸毛　花序　雌花序及果穗　园林应用　园林应用　园林应用

枣树

Ziziphus jujuba

科属：鼠李科枣属

形态： 落叶乔木，高10m。树皮灰褐色，条裂。枝有长枝、短枝与脱落性小枝之分；长枝红褐色，呈"之"字形弯曲，光滑，有托叶刺或不明显，脱落性小枝较纤细，无芽，簇生于短枝上，秋后与叶俱落。单叶卵形至卵状长椭圆形，互生，先端钝尖，边缘有细锯齿，近革质，有光泽，三出脉。聚伞花序腋生，花淡黄色或微带绿色。核果卵形至长圆形，熟时暗红色，果核坚硬，两端尖。花期5~6月，果期8~9月。

分布与习性： 在中国分布很广，而以黄河中下游、华北平原栽培最普遍。强喜光树种，抗旱，耐贫瘠土壤，能抗风沙。根系发达，深而广，根萌蘖力强，生长慢。

园林应用： 园林结合生产，宜丛植、片植，也可作庭荫树。

龙爪枣

Ziziphus jujuba var. *jujuba* 'Tortuosa'

科属：鼠李科枣属

别名：蟠龙爪、龙须枣、龙枣、龙游枣、拐枣

形态：落叶小乔木，树皮褐色或灰褐色，老皮纵裂，嫩枝青绿色，木质化后转为黄棕色，冬季枝条呈紫红色，枝条均扭曲生长，枝干上有灰色针状小刺，在芽结处易形成疙瘩。叶互生，卵形至卵状长椭圆形，先端钝尖，边缘有细锯齿，近革质，有光泽，三出脉。聚伞花序腋生，花淡黄色或微带绿色。核果卵形至长圆形，熟时暗红色，较小，呈圆柱形，稍弯曲，果面高低不平，呈扭曲状，果皮厚，品质不佳，果核坚硬，两端尖。花期5~6月，果期8~9月。

分布与习性：在中国分布很广，而以黄河中下游、华北平原栽培最普遍。耐寒、耐旱、耐热、耐涝，对土壤要求不严，在pH5.5~8.5的条件下均能正常生长。

园林应用：园林结合生产宜丛植、片植，也可作造型树。

鼠李 *Rhamnus davurica*

科属：鼠李科鼠李属

别名：红皮绿树

形态：落叶小乔木，树皮黑色，多分枝，枝端常具刺，冬芽黄褐色，锥形。单叶互生或近对生，倒卵状椭圆形至卵状椭圆形，先端锐尖，缘有粗圆齿。花3~5朵簇生叶腋。核果球形，熟时紫黑色。花期5月，果熟期7~9月。

分布与习性：产于东北、内蒙古及华北等地。多生于山坡、沟旁或杂木林中。适应性强，耐寒，耐阴，耐干旱、瘠薄，无需特殊管理。

园林应用：鼠李枝叶茂密，入秋有累累黑果，可植于庭园观赏。

丝绵木

Euonymus maackii

科属：卫矛科卫矛属
别名：明开夜合、白杜、桃叶卫矛

形态：小乔木，高达6m。树皮灰黑色纵裂；枝褐色，有棱，冬芽卵形。单叶对生，卵状椭圆形、卵圆形或窄椭圆形，先端长渐尖，基部阔楔形或近圆形，边缘具细锯齿，有时极深而锐利；叶柄通常细长，常为叶片的1/4~1/3，但有时较短。聚伞花序3至多花，花序梗略扁，长1~2cm，黄绿色；雄蕊花丝细长，花药紫红色。蒴果倒圆心状，4浅裂，成熟果皮为粉红色；种子长椭圆状，棕黄色，假种皮橙红色，全包种子，成熟后顶端常有小口。花期5~6月，果期9月。

分布与习性：北起黑龙江，南到长江南岸各地，西至甘肃，除陕西、西南和广东、广西未见野生外，其他各地均有，但长江以南常以栽培为主。喜光、耐寒、耐旱、稍耐阴，也耐水湿，对土壤要求不严，为深根性植物，根萌蘖力强，生长较慢。

园林应用：丝绵木枝叶秀丽，红果密集，可长久悬挂枝头，宜植于林缘、草坪、路旁、湖边及溪畔，也可用作防护林或工厂绿化树种。

树皮　枝和冬芽　叶　花序　蒴果　园林应用　园林应用　园林应用

灯台树

Cornus controversa

科属：山茱萸科山茱萸属

别名：瑞木、女儿木、六角树

形态：落叶乔木，树皮灰黑色，浅纵裂，树枝层层平展，形如灯台，枝暗紫红色，冬芽紫红，柱形。单叶互生，全缘，簇生于枝梢，叶端突渐尖，弧形侧脉6~8对。伞房状聚伞花序生于新枝顶端，长9cm，白色。核果近球形，花期5~6月，果期9~10月。

分布与习性：主产于长江流域及西南各地。性喜阳光，稍耐阴，喜温暖湿润气候，有一定的耐寒性，喜肥沃湿润而排水良好的土壤。

园林应用：灯台树树形整齐，大侧枝呈层状生长宛如灯台，宜独植于庭园草坪观赏，也可植为庭荫树及行道树。

树皮　树枝轮生　枝　冬芽　叶　花序　园林应用　核果　园林应用

车梁木

Cornus walteri

科属： 山茱萸科山茱萸属

别名： 小六谷、毛梾

形态： 落叶乔木，树皮厚，黑褐色，纵裂而又横裂成块状；小枝对生，红色，略有棱角，冬芽腋生，扁圆锥形，长约1.5mm，被灰白色短柔毛。叶对生，纸质，椭圆形、长圆椭圆形或阔卵形，先端渐尖，基部楔形，侧脉4~5对，弧形弯曲。伞房状聚伞花序，花密，白色，萼齿三角形，与花盘近等长，花瓣4，长圆状披针形，白色；雄蕊4，花丝稍短于花瓣；花柱棒状，柱头头状。核果球形，成熟时黑色，核骨质，扁圆球形，直径5mm，高4mm，有不明显的肋纹。花期5月，果期9月。

分布与习性： 产辽宁、河北、山西南部以及华东、华中、华南、西南各地。喜阳，稍耐阴，喜温暖湿润气候，有一定的耐寒性，喜肥沃湿润而排水良好的土壤。

园林应用： 树形整齐，可作园景树和庭荫树。

形态对比

树皮灰黑色，浅纵裂

树皮厚，黑褐色，纵裂而又横裂成块状

枝暗紫红色

小枝对生，红色，略有棱角

单叶互生

叶对生

灯台树　　　　车梁木

黄檗

Phellodendron amurense

科属：芸香科黄檗属

别名：元柏、檗木、檗皮、黄菠萝

形态：落叶乔木，树皮厚，浅灰色，网状深纵裂，木栓质发达，用手触摸有弹性，内皮鲜黄色。小枝橙黄色或淡黄灰色，裸芽生于叶痕内，红褐色。奇数羽状复叶，对生，小叶5~13枚，卵状椭圆形至卵状披针形，叶基稍不对称，叶表光滑，叶背中脉基部有毛。雌雄异株，顶生圆锥花序，花小，黄绿色，花瓣长圆形，雄花雌蕊长于花瓣，雌花花柱短。浆果状核果近球形，初为绿色，成熟时黑色，有特殊香气与苦味；种子半卵形，带黑色。花期5~6月，果期9~10月。

分布与习性：产于中国东北小兴安岭南坡、长白山区及河北省北部。喜光，不耐阴，喜适当湿润、排水良好的中性或微酸性壤土。深根性，主根发达，抗风力强。

园林应用：树冠宽阔，秋季叶变黄色，可植为庭荫树或成片栽植，在自然风景区中可与红松、兴安落叶松、花曲柳等混交。

臭檀吴茱萸

Euodia daniellii

科属：芸香科吴茱萸属

别名：臭檀

形态：树皮平滑，灰或褐黑色，散生微凸起的皮孔，内皮灰黄色，松软。小枝灰褐色，初时有短柔毛。芽扁卵圆形，浅紫红色，长3~4mm，密被伏毛。奇数羽状复叶，对生，小叶7~11枚，柄短，长约3mm，有毛；叶片革质，卵形至长圆状卵形，基部圆形或广楔形，先端渐尖，边缘有钝锯齿，凹处有黄色腺点，表面深绿色，无毛，背面灰绿色，脉腋处丛生白色长柔毛。伞房状聚伞花序，花序轴及分枝被灰白色或棕黄色柔毛，花蕾近圆球形；萼片及花瓣均5片；花瓣长约3mm；雄花的退化雌蕊圆锥状，顶部4~5裂，裂片约与不育子房等长，被毛；雌花的退化雄蕊约为子房长的1/4，鳞片状。蓇葖果紫红色或红褐色，果皮布有透明腺点，分果瓣长6~7mm，先端有尖喙，长2~2.5mm。每分果瓣有种子2粒，种子卵圆形，长2~3mm，黑色，有光泽。花期6~7月，果期9月。

分布与习性：主要分布于辽南、华北至湖北，西至甘肃北部暖温带落叶阔叶林区。喜光，耐干旱，砂质壤土中生长迅速，深根性树。

园林应用：可植为庭荫树或成片栽植。

杜仲

Eucommia ulmoides

科属：杜仲科杜仲属

别名：丝楝树皮、丝棉皮、棉树皮、胶树

形态：落叶乔木，高达20m。树冠圆球形。树皮深灰色，粗糙。枝叶果及树皮断裂时有白色弹性胶丝相连。小枝光滑，无顶芽，冬芽卵圆形，外面发亮，红褐色，有鳞片6~8片，边缘有微毛。单叶互生，羽状脉，叶椭圆状卵形，长7~14cm，先端渐尖，基部圆形或广楔形，缘有锯齿，老叶脉下陷，皱纹状。花单性，雌雄异株。花生于当年枝基部，雄花无花被，苞片倒卵状匙形；雌花单生，苞片倒卵形，花梗长8mm，子房无毛，1室，扁而长，先端2裂，子房柄极短。翅果顶端扁平，2裂，种子1粒。花期4月，果期10~11月。

分布与习性：原产中国中部及西部。喜光，不耐阴，喜温暖湿润气候及肥沃、湿润、深厚而又排水良好的土壤。耐寒力强，在酸性、中性及微碱性土上均能正常生长。根系较浅而侧根发达，萌蘖性强，长速中等。

园林应用：杜仲树干端直，枝叶茂密，树形整齐优美，适宜作庭荫树及行道树。

二球悬铃木

Platanus acerifolia

科属： 悬铃木科悬铃木属

别名： 英桐

形态： 落叶乔木，高可达20m左右。树冠阔卵形，树皮灰绿或灰白色，不规则片状剥落，剥落后呈粉绿色，光滑。枝条褐色，具托叶鞘，冬芽紫褐色，锥形。叶片广卵形至三角状广卵形，叶裂较浅，柄下芽。头状花序球形，直径2.5~3.5cm。球状果序常2球串生。花期4~5月，果熟期9~10月。

分布与习性： 世界各地多有栽培，中国各地栽培的也多为本种。喜光，喜温暖气候，有一定的抗寒力，在辽南可露地栽植，对土壤的适应能力极强，能耐干旱、瘠薄。萌芽性强，耐重剪，繁殖容易，生长迅速。

园林应用： 树形雄伟端正，叶大荫浓，树冠广阔，干皮光洁，具有极强的抗烟、抗尘能力，宜作优良庭荫树和行道树，有“行道树之王”之称。

树皮　枝条和托叶鞘　冬芽　叶片　柄下芽　花序　果序　园林应用　园林应用

毛泡桐

Paulownia tomentosa

科属： 玄参科泡桐属

别名： 紫花桐、冈桐、日本泡桐

形态： 落叶乔木，高达20m，树皮褐灰色，有白色斑点。小枝有明显皮孔，幼时常具黏质短腺毛，叶痕圆形，冬芽小。单叶对生，大而有长柄，叶柄及叶背常有黏性腺毛，叶全缘或具3~5浅裂。聚伞圆锥花序，花蕾黄色，被茸毛，花萼浅钟状，密被星状茸毛，花冠漏斗状钟形，外面淡紫色，有毛，内面白色，有紫色条纹。蒴果卵圆形，先端锐尖，外果皮革质。花期5~6月，果期8~9月。

分布与习性： 辽宁南部、河北、河南、山东、江苏、安徽、湖北、江西等地常栽培。强喜光树种，不耐庇阴，根系近肉质，怕积水而较耐干旱。不耐盐碱，喜肥。根系发达，分布较深，自花不孕或同株异花不孕。

园林应用： 毛泡桐树干端直，树冠宽大，叶大荫浓，花大而美，宜作行道树、庭荫树，也是重要的速生用材树种，“四旁”绿化结合生产的优良树种。

臭椿

Ailanthus altissima

科属：苦木科臭椿属

别名：椿树、木砻树

形态：落叶乔木，树高可达30m，树冠呈扁球形或伞形。树皮灰白色或灰黑色，平滑，稍有浅裂纹。枝条粗壮，老枝灰色，髓心海绵质，新枝淡褐色。冬芽扁球形，黄褐色或褐色，叶痕盾形，叶迹7~13，常9，排成“V”字形；奇数羽状复叶，互生，小叶近基部具少数粗齿，卵状披针形，叶总柄基部膨大，齿端有1腺点，有臭味。雌雄同株或雌雄异株；圆锥花序顶生，花小，杂性，白绿色，花瓣5~6枚。种子位于翅果中央。花期4~5月，果期8~10月。

分布与习性：中国除黑龙江、吉林、新疆、青海、宁夏、甘肃和海南外，其他各地均有分布。喜光，不耐阴。适应性强，除黏土外，各种土壤都能生长，适生于深厚、肥沃、湿润的砂质土壤。耐寒，耐旱，不耐水湿，长期积水会烂根死亡。

园林应用：臭椿树干通直而高大，树冠圆整如半球状，颇为壮观，叶大荫浓，秋季红果满树，适宜作园景树、庭荫树和行道树。欧洲称之为“天堂树”。

树冠　树皮　老枝　新枝、叶痕和冬芽　叶　翅果　翅果　花序　园林应用　园林应用

香椿

Toona sinensis

科属：楝科香椿属

别名：香椿铃、香铃子、香椿子

形态：落叶乔木，树木可高达10m以上。树皮粗糙，深褐色，片状脱落。枝深褐色具突起皮孔；冬芽锥形，褐色，叶痕心形，叶迹5。偶数羽状复叶，稀奇数羽状复叶，小叶10~20枚，长椭圆形至广披针形，先端长渐尖，基部不对称，全缘或具不明显钝锯齿。复聚伞花序白色。蒴果狭椭圆形或近卵形，长2cm左右，成熟后呈红褐色，果皮革质，开裂成钟形；种子椭圆形，有木质长翅。花期6月，果熟期10~11月。

分布与习性：原产中国中部，现辽宁南部、华北至东南和西南各地均有分布。喜光，不耐庇阴，喜深厚、肥沃、湿润的砂质壤土，较耐水湿，有一定的耐寒力，深根性，萌芽、萌蘖力强。生长速度中等偏快。

园林应用：香椿为中国人民熟知和喜爱的特产树种，栽培历史悠久，枝叶茂密，树干耸直，树冠庞大，嫩叶红艳，适合作行道树和庭荫树。

树皮　枝、冬芽和叶痕　叶片　花序　蒴果　蒴果　嫩叶　园林应用

形态对比

奇数羽状复叶

偶数羽状复叶，稀奇数羽状复叶

叶痕盾形，叶迹7~13，常9

叶痕心形，叶迹5

圆锥花序，花白绿色

复聚伞花序，花白色

臭椿　　香椿

常绿灌木
EVERGREEN
SHRUB

矮紫杉

Taxus cuspidata var. *nana*

科属：红豆杉科（紫杉科）红豆杉属

别名：紫杉

形态：常绿密丛灌木，株形半球状；一年生枝绿色，秋后呈淡红褐色，二、三年生枝呈红褐色或黄褐色；冬芽淡黄褐色，芽鳞先端渐尖，背面有纵脊。主枝上的叶呈螺旋状排列；侧枝上的叶呈不规则的、端面近于“V”字形羽状排列，条形，基部窄，有短柄，先端且凸尖，正面深绿色有光泽，叶背面有两条灰绿色气孔带。球花单性，雌雄异株，雄球花单生叶腋，有雄蕊9~14枚，各具5~8个花药。种子坚果状，卵形或三角形卵形，微扁，长约6mm，径5mm，赤褐色，外包杯形红色假种皮。花期5~6月，种子9~10月成熟。

分布与习性：北京，吉林，辽宁的丹东、大连、沈阳，山东青岛，上海，浙江杭州等地有栽培。非常耐寒，又有极强的耐阴性，耐修剪，怕涝；喜生富含有机质的湿润土壤中；在空气湿度较高处生长良好。

园林应用：矮紫杉是常绿树种，又有耐寒和极强的耐阴性，是北方地区园林绿化的好材料，可作孤植或群植，又可植为绿篱，修剪为各种雕塑物式样。

偃松

Pinus pumila

科属：松科松属

别名：爬松、矮松、千叠松

形态：常绿灌木，高达3~6m，树干通常伏卧状，基部多分枝；树皮灰褐色，裂成片状脱落；一年生枝褐色，密被柔毛，二、三年生枝暗红褐色；冬芽红褐色，圆锥状卵圆形，先端尖，微被树脂。针叶5针一束，较细短，硬直而微弯，长4~6cm；横切面近梯形，树脂道通常2个；叶鞘早落。雄球花椭圆形，黄色，长约1cm；雌球花及小球果单生或2~3个集生，卵圆形，紫色或红紫色。球果近直立，圆锥状卵圆形或卵圆形，成熟时淡紫褐色或红褐色，长3~4.5cm；成熟后种鳞不张开或微张开；种鳞近宽菱形，鳞盾宽三角形，鳞脐明显，紫黑色，先端具突尖，微反曲；种子暗褐色，三角形倒卵圆形，无翅，仅周围有微隆起的棱脊。花期6~7月，球果翌年9月成熟。

分布与习性：产于中国东北大兴安岭、小兴安岭、长白山。喜阴湿，耐寒，耐贫瘠土壤。

园林应用：树形奇特，枝叶繁茂，具有观赏价值，常用于岩石园。

沙地柏

Sabina vulgaris

科属：柏科圆柏属

别名：新疆圆柏、叉子圆柏

形态：常绿匍匐灌木，高不足1m，枝斜前伸展，小枝细，近圆柱形，径约1mm，幼枝多刺叶，刺叶无明显中脉，长3~7mm。老树多鳞叶，鳞叶斜方形交互对生，先端微钝或急尖，腺体椭圆形，位于叶背中部。多为雌雄异株，球果褐色，近圆形，着生于小枝枝顶，径6~7mm，熟时暗褐紫色，被白粉，内有种子2~3粒，最多5粒，种子卵圆形，稍扁，具棱脊，有树脂槽。花期4~5月，球果需要2年成熟。

分布与习性：原产中国。主要分布于新疆、青海、甘肃、内蒙古和陕西等地。喜光也耐阴，耐旱、抗寒、适应性强，对土壤要求不严，但忌积水。

园林应用：沙地柏耐干旱，又极耐寒冷，栽培容易，管理简单，树姿美丽，冬夏常青，固沙保土效果明显。是良好的地被植物，可密集栽植替代草坪。

枝　幼枝　园林应用　园林应用

铺地柏

Sabina procumbens

科属： 柏科圆柏属

别名： 爬地柏、矮桧、匍地柏、偃柏

形态： 常绿匍匐小灌木，高达75cm，冠幅2m余。枝褐色，干贴近地面伸展，小枝密生。叶均为刺形叶，先端尖锐，3叶交互轮生，表面有2条白色气孔线，下面基部有2白色斑点，叶基下延生长，叶长6~8mm。球果球形，内含种子2~3粒。

分布与习性： 原产日本。在黄河流域至长江流域广泛栽培。喜光，稍耐阴，适生于滨海湿润气候，对土质要求不严，喜石灰质的肥沃土壤，忌水涝，耐寒力、萌生力均较强。

园林应用： 铺地柏匍地生长，四季常绿，在园林中可配植于岩石园或草坪角隅，也是缓土坡的良好地被植物。

枝

叶

园林应用

形态对比

枝斜前伸展，小枝细

枝褐色，干贴近地面伸展

幼枝多刺叶，老树多鳞叶

叶均为刺形叶

沙地柏　　　　铺地柏

火棘

Pyracantha fortuneana

科属：蔷薇科火棘属

别名：救兵粮、火把果

形态： 常绿灌木，高约3m；枝端成刺状。叶片倒卵形或倒卵状矩圆形，长1.5~6cm，宽0.5~2cm，先端圆钝或微凹，有时有短尖头，基部楔形，下延，边缘有圆钝锯齿，齿尖向内弯，近基部全缘，两面无毛。复伞房花序，花白色，直径约1cm；萼筒钟状，无毛，裂片三角状卵形；花瓣圆形。梨果近圆形，最初挂青果，深秋果子变成火红色，直径约5mm，萼片宿存。花期5月，果熟期9~10月。

分布与习性： 分布于黄河以南各地，生于海拔500~2800m的山地灌丛中或河沟。性喜温暖湿润而通风良好、阳光充足处，具有较强的耐寒性，耐瘠薄，对土壤要求不严。

园林应用： 火棘树形优美，夏有繁花，秋有红果，果实存留枝头甚久，可在庭院中作绿篱以及园林造景材料，也可用作绿篱。

枝　叶片　花序　青果　秋季变为红果　园林应用　园林应用

黄杨

Buxus sinica

科属：黄杨科黄杨属

别名：小叶黄杨

形态：常绿灌木或小乔木，高达1~7m；树皮鳞片状剥落，老枝灰褐色，小枝较疏散，具四棱，灰白色，小枝及冬芽外鳞均有短柔毛。单叶对生，叶革质，倒卵形、倒卵状椭圆形至广卵形，先端圆钝或微凹，基部楔形，仅表面有侧脉，背面中脉基部及叶柄有毛。花簇生叶腋或枝端，黄绿色；苞片宽卵圆形，背部被柔毛。蒴果卵圆形，花柱宿存。花期3~4月，果熟期7月。

分布与习性：中国辽宁及以南多地均有分布。较耐阴，畏强光，较耐寒，较耐碱；浅根性，生长极慢，寿命长，耐修剪；抗烟尘，对多种有毒气体抗性强。

园林应用：黄杨虽然枝叶较疏散，但青翠可爱，常孤植、丛植于庭院观赏或作绿篱，也可修剪成各种造型布置花坛。

老枝　叶　花　蒴果　园林应用　园林应用

朝鲜黄杨

Buxus sinica subsp. *sinica* var. *insularis*

科属： 黄杨科黄杨属

形态： 常绿灌木。枝条紧密，老枝灰黑色，小枝近四棱形，灰色，嫩枝绿色或褐色。单叶对生，叶革质，椭圆状长圆形或长圆形，长10~15mm，宽6~8mm，先端微凹，基部楔形，叶面深绿，背面淡绿色；叶柄、叶背中脉密生毛，叶面侧脉不明或稍分明，不凸出，边缘向下强卷曲。花簇生于叶腋或顶生。蒴果3室，每室具两粒黑色有光泽的种子。花期4月，果熟期7~8月。

分布与习性： 性喜光，稍耐阴，可耐-35℃的低温，喜温气候和湿润肥沃的土地，生长缓慢，萌芽力强，耐修剪。浅根性，须根发达，整个生长季节均可移植。

园林应用： 朝鲜黄杨为良好的盆景和绿篱树种，可修剪造型，供造园观赏。

形态对比

叶倒卵形、倒卵状椭圆形至广卵形，叶较宽

单叶椭圆状长圆形或长圆形，叶细长

小枝较疏散

枝条紧密

黄杨　　朝鲜黄杨

形态：常绿灌木或小乔木，高达5m；树皮灰黑色，纵裂；枝绿色。单叶对生，叶片革质，表面有光泽，倒卵形或狭椭圆形，长3~6cm，宽2~3cm，顶端尖或钝，基部楔形，边缘有细锯齿；叶柄长6~12mm。花腋生，5~12朵排列成密集的聚伞花序，花绿白色，4数。蒴果近球形，有4浅沟，直径约1cm；假种皮橘红色，种子棕色。花期6~7月，果熟期9~10月。

分布与习性：产于中国中部及北部各地，栽培甚普遍。喜光，较耐阴。喜温暖湿润气候，较耐寒。要求肥沃疏松的土壤，耐整形修剪。

园林应用：大叶黄杨叶色光亮，嫩叶鲜绿，为庭院中常见绿化树种。

大叶黄杨

Euonymus japonicus

科属：卫矛科卫矛属

别名：冬青卫矛、正木

落叶灌木

DECIDUOUS SHRUB

珍珠绣线菊

Spiraea thunbergii

科属：蔷薇科绣线菊属

别名：喷雪花

形态： 落叶灌木，高可达1.5m。老枝红褐色，无毛；小枝纤细而开展，呈弧形弯曲，幼时密被柔毛，褐色；冬芽小圆形，粉红色。单叶互生，叶线状披针形，先端长渐尖，基部狭楔形，边缘有锐锯齿，羽状脉；叶柄极短或近无柄。伞形花序无总梗或有短梗，每花序有3~7朵花，花白色，花梗细长。蓇葖果褐色。花期4~5月，果期7月。

分布与习性： 原产华东，陕西、辽宁等地有栽培。喜光，好温暖，宜湿润而排水良好的土壤。

园林应用： 珍珠绣线菊叶形似柳，花白密集如雪，叶秋季变红，常丛植于草坪角隅或作基础种植，也可作切花用。

三桠绣线菊 *Spiraea trilobata*

科属：蔷薇科绣线菊属
别名：三裂绣线菊

形态： 落叶灌木，高1~2m。小枝细，幼时褐黄色，开展，老时暗灰褐色或暗褐色。冬芽小，外被数枚鳞片。单叶互生，叶片近圆形、扁圆形或长圆形，基部近圆形、近心形或广楔形，先端钝，通常3裂，边缘自中部以上有少数圆钝锯齿，背面灰绿色，具明显3~5出脉。伞形花序具总梗，花白色，雄蕊比花瓣短，花柱比雄蕊短。蓇葖果开展，宿存萼片直立。花期5~6月，果期7~8月。

分布与习性： 原产西伯利亚至土耳其一带及中国河北、山东、河南、陕西、云南等地。生于多岩石向阳坡地或灌木丛中，稍耐阴，健壮，生长迅速。

园林应用： 常栽供庭园观赏，植于岩石园更为适宜。

小枝　叶　花序　花　园林应用

土庄绣线菊 *Spiraea pubescens*

科属：蔷薇科绣线菊属

别名：柔毛绣线菊、土庄花、石蒡子、小叶石棒子

形态：落叶灌木，高1~2m。老时灰褐色，小枝嫩时红褐色，被短毛；冬芽卵形或近球形。单叶互生，叶椭圆形至菱状卵形，边缘自中部以上有深刻锯齿或3裂，上面被疏柔毛，下面被短柔毛，先端急尖，基部宽楔形。伞形花序有总梗，花瓣白色，雄蕊与花瓣近等长，花柱短于雄蕊。蓇葖果开张，有直立宿存的萼片。花期5~6月，果期7~8月。

分布与习性：分布于华北、东北、内蒙古、甘肃、陕西、湖北和安徽等地。喜凉爽，喜光，耐旱、耐寒，适宜在中性土上栽植。

园林应用：土庄绣线菊花白色而密集，花期长，宜于庭园作观赏花灌木，亦可用作绿篱。

形态对比

叶近圆形、扁圆形或长圆形，先端钝、通常3裂，边缘自中部以上有少数圆钝锯齿

叶椭圆形至菱状卵形，边缘自中部以上有深刻锯齿或3裂

雄蕊比花瓣短

雄蕊与花瓣近等长

三桠绣线菊　　土庄绣线菊

粉花绣线菊

Spiraea japonica

科属：蔷薇科绣线菊属

别名：日本绣线菊

形态：直立灌木，高达1.5m；枝条细长开展，小枝近圆柱形，冬芽卵形，先端急尖，有数个鳞片。单叶互生，卵状披针形至披针形，边缘具缺刻状重锯齿，叶面散生细毛，上面暗绿色，叶背略带白粉。复伞房花序，生于当年生枝端，花朵密集，花瓣5枚，粉红色，雄蕊较花瓣长。蓇葖果。花期6月，果期8月。

分布与习性：原产日本和朝鲜半岛，中国华东、华北、辽宁南部地区有栽培。强健，喜光，略耐阴，抗寒，耐旱，耐瘠薄。在湿润、肥沃土壤上生长旺盛。

园林应用：粉花绣线菊花期正值春末夏初少花季节，花色艳丽，可作花坛、花境、绿篱，或丛植于草坪及园路角隅等处，亦可作基础种植。

金山绣线菊

Spiraea × bumalda 'Gold Mound'

科属：蔷薇科绣线菊属

形态：落叶小灌木，高30~60cm，冠幅60~90cm。老枝褐色，新枝黄色，枝条呈折线状，柔软；芽卵形，褐色，叶痕半圆形。单叶互生，卵形，叶缘有桃形锯齿，3月上旬开始萌芽，新叶金黄，老叶黄色，夏季黄绿色，8月中旬开始叶色转金黄，10月中旬后，叶色带红晕。花蕾及花均为粉红色，10~35朵聚成复伞形，盛花期为5月中旬至6月上旬，观花期5个月。

分布与习性：本种为栽培种，适宜中国长江以北多数地区栽培。喜光，稍耐阴，极耐寒，耐旱，怕水涝，生长快，耐修剪，易成型。

园林应用：金山绣线菊适合作观花观色观叶地被，宜与紫叶小檗、桧柏等配置成模纹，可以丛植、孤植、群植作色块或列植作绿篱，亦可作花境和花坛植物。

老枝　芽　新叶　老叶　花蕾及花　园林应用　园林应用

金焰绣线菊

Spiraea × *bumalda* 'Gold Flame'

科属： 蔷薇科绣线菊属

形态： 株高40~60cm，冠幅70~80cm。老枝褐色，新枝红褐色，枝条呈折线状，柔软；冬芽褐色，卵形，叶痕半圆形，叶迹两组。新梢顶端幼叶红色，下部叶片黄绿色，叶卵形至卵状椭圆形，长4cm，宽1.2cm。伞房花序，小花密集，花粉红色，花径5cm。花期长达4个月，6~9月可开花4~6次，每次15~20天。

分布与习性： 金焰绣线菊为栽培种，分布在东北南部、华北北部地区。喜光，稍耐阴，耐盐碱，耐旱，耐寒，耐修剪，怕涝。生长季剪截新梢后，过20~25天，又在分枝上开花。

园林应用： 金焰绣线菊季相变化丰富，新叶橙红色，成叶黄色，秋冬叶变红，可单株修剪成球形，或群植作色块、花境、花坛，也可作绿篱。

老枝 新枝 冬芽 花序 幼叶 园林应用 园林应用

棣棠 *Kerria japonica*

科属：蔷薇科棣棠属

别名：地棠、黄棣棠、蜂棠花、金棣棠梅、麻叶棣棠、黄花榆叶梅

形态：落叶灌木，高1~2m；小枝绿色，有纵棱；冬芽紫褐色，锥形。单叶互生，叶片卵形至卵状披针形，边缘有锐重锯齿，基部圆形或微心形，表面无毛或疏生短柔毛，背面或沿叶脉、脉间有短柔毛，先端尾尖。花单生于侧枝顶端，金黄色，花瓣5枚，有重瓣花。瘦果。花期4~5月，果期7~8月。

分布与习性：原产中国华北至华南，日本也有分布，现各地均有栽培。喜温暖湿润、半阴之地，比较耐寒。对土壤要求不严，适于在肥沃、疏松的砂壤土生长。

园林应用：棣棠枝叶翠绿，金花满树，宜丛植或群植于水畔、坡边、林下和假山之旁，或作花篱等。

常见园林变种：金边棣棠（var. *aueo-varigata*）、银边棣棠（var. *picta*）、重瓣棣棠（var. *pleniflora*），其中重瓣棣棠花重瓣，不结实。

水栒子

Cotoneaster multiflorus

科属：蔷薇科栒子属

别名：栒子木、多花栒子

形态：落叶灌木，高2~4m，枝条常呈弓形弯曲，小枝圆柱形，红褐色或棕褐色，无毛，幼时带紫色，具短毛，不久脱落。叶卵形，长2~5cm，先端常圆钝，基部广楔形或近圆形。花为聚伞花序，花白色，径1~1.2cm，花瓣开展，近圆形，直径4~5mm，先端圆钝或微缺，基部有短爪；雄蕊约20，稍短于花瓣；花柱通常2，离生，比雄蕊短。果近球形或倒卵形，径约8mm，红色。花期5~6月，果期8~9月。

分布与习性：分布于中国东北、华北、西北和西南；亚洲西部和中部其他地区也有分布。植株强健，耐寒，喜光，稍耐阴，对土壤要求不严，极耐干旱和贫瘠；喜排水良好的土壤，水湿、涝洼常造成死亡，耐修剪。

园林应用：水栒子花果繁多而美丽，秋季红果累累，是极佳的观花、观果树种，宜丛植于草坪边缘及路旁。

匍匐栒子

Cotoneaster adpressus

科属：蔷薇科栒子属

别名：地红籽

形态： 落叶匍匐灌木，茎不规则分枝，平铺地上；小枝细瘦，圆柱形，幼嫩时具糙伏毛，红褐色至暗灰色。叶片宽卵形或倒卵形，长5~15mm，先端圆钝或稍急尖，基部楔形，边缘全缘而呈波状，上面无毛，下面具稀疏短柔毛或无毛。花1~2朵，几无梗，直径7~8mm；花瓣直立，粉红色，倒卵形，长约4.5mm，萼筒钟状，萼片卵状三角形；雄蕊10~15，短于花瓣；花柱2，离生，比雄蕊短。果实近球形，直径6~7mm，鲜红色，无毛，通常有2小核。花期5~6月，果期8~9月。

分布与习性： 产于中国西部，各地有引种栽培。植株强健，喜光，耐寒，耐干旱瘠薄，可在石灰质土壤中生长。

园林应用： 植株低矮，枝条苍劲，开粉红色小花，挂红色小果，常匍匐岩壁，为良好的岩石园种植材料。

平枝栒子

Cotoneaster horizontalis

科属： 蔷薇科栒子属

别名： 栒刺木、铺地蜈蚣

形态： 落叶或半常绿匍匐灌木，高不超过0.5m，枝水平开张成整齐两列状；小枝圆柱形，深褐色。叶片近圆形或宽椭圆形，长5~14mm，宽4~9mm，先端多数急尖，基部楔形，全缘。花1~2朵腋生，近无梗，直径5~7mm；萼筒钟状，萼片三角形；花瓣直立，倒卵形，长约4mm，宽3mm，粉红色；雄蕊约12；花柱常为3。果实近球形，直径4~6mm，鲜红色，常具3小核，稀2小核。花期5~6月，果期9~10月。

分布与习性： 分布于秦岭、鸡公山、黄河上游、长江中下游地区。喜阳光，稍耐阴，喜排水良好土壤。

园林应用： 平枝栒子的枝叶横展，叶浓绿发亮，晚秋叶色红亮，粉花红果，适宜与岩石配植，或作地面覆盖植物。

形态对比

茎不规则分枝

枝水平开张成整齐两列状

叶片宽卵形或倒卵形，边缘全缘而呈波状

叶片近圆形或宽椭圆形，全缘

果实直径6~7mm，通常有2小核

果实直径4~6mm，常具3小核

匍匐栒子

平枝栒子

黑果腺肋花楸

Aronia melanocarpa

科属： 蔷薇科腺肋花楸属

形态： 落叶灌木，树高1.5~2.5m。多枝丛状，枝灰褐色，冬芽锥形，深褐色。叶卵圆形，深绿色，叶缘具重锯齿，秋季叶色变红。复伞房花序，花瓣5枚，白色，花药红色。浆果球形，初为绿色，成熟后紫黑色，果径1.4cm。花期5月，果熟期9~10月。

分布与习性： 原产于美国东北部，东欧大部分国家有栽培。喜光，耐寒，抗旱性较强，对土壤要求不严。

园林应用： 黑果腺肋花楸春季花开繁盛，香气宜人，秋季叶色火红，冬季果实累累，宜丛植于草坪边缘及路旁。

落叶灌木

欧洲花楸

Sorbus aucuparia

科属： 蔷薇科花楸属

别名： 欧洲太阳神花楸、美果花楸、鸟喜花楸

形态： 落叶灌木或小乔木；树高6~18m，树干端直，树形优美，幼树树冠椭圆形，成熟时树冠呈球形，新枝红褐色，冬芽锥形，密被白色茸毛。奇数羽状复叶，小叶11~15枚，春夏季叶片为深绿色，秋季叶色变为黄色至紫红色，有光泽。伞房花序，花序较大、圆形。花期5月，白花簇生，直径7~12cm；8月下旬到9月结出橘红色浆果，丰硕的果实悬垂在小枝上，整个冬季至翌年3月宿存于枝头。

分布与习性： 原产于欧洲和亚洲西部。中国东北、西北各地有栽培。较耐阴，常生于较稀疏的针阔叶林下或林缘，在阳光充沛的空旷地上也能生长。抗寒性较强，能抵抗-30℃的低温。

园林应用： 欧洲花楸春季花开繁盛，香气宜人，秋季叶色火红，冬季果实累累，宜丛植于草坪边缘及路旁。

风箱果

Physocarpus amurensis

科属：蔷薇科风箱果属

别名：阿穆尔风箱果、托盘幌

形态：落叶灌木，树皮纵向剥裂。小枝幼时紫红色，老枝灰褐色；冬芽锥形，紧贴枝。单叶互生，叶片三角卵形至宽卵形，3~5浅裂，缘有锯齿，先端急尖或渐尖，基部心形或近心形，稀截形。伞形总状花序，花白色。蓇葖果膨大，卵形，熟时沿背腹两缝开裂。花期5~6月，果期7~8月。

分布与习性：产于黑龙江、河北、朝鲜北部及俄罗斯远东地区，常丛生于山沟的阔叶林边。植株强健，耐寒，喜生于湿润而排水良好的土壤。

园林应用：风箱果树形开展，花序密集，花色朴素淡雅，晚夏初秋果实变红，颇为美观，宜于亭台周围、丛林边缘及假山旁边种植。

金叶风箱果 *Physocarpus opulifolius* var. *luteus*

科属： 蔷薇科风箱果属

形态： 树皮纵向剥裂。小枝幼时紫红色，老枝灰褐色；冬芽锥形，紧贴枝。叶片生长期金黄色，落前黄绿色，三角状卵形，缘有锯齿。顶生伞形总状花序，花白色，直径0.5~1cm，花期5月中下旬。果实膨大呈卵形，果外表光滑。

分布与习性： 原产北美洲，中国华北、东北等北方地区有引种栽培。生长势强，喜光，也耐阴，耐瘠薄，耐粗放管理。可耐-30℃低温，病虫害少，夏季高温季节生长处于停滞状态。

园林应用： 同风箱果。

紫叶风箱果

Physocarpus opulifolius 'Summer Wine'

科属：蔷薇科风箱果属

形态：树皮纵向剥裂。小枝幼时紫红色，冬芽锥形，紫色。叶片生长期紫红色，落前暗红色，三角状卵形，缘有锯齿。顶生伞形总状花序，花白色，直径0.5~1cm，花期5月中下旬。果实膨大呈卵形，果外表光滑。

分布与习性：原产北美洲，中国华北、东北有引种栽培。喜光、耐寒，耐干旱，不择土壤，但喜排水好的砂质壤土。

园林应用：同风箱果。

树皮　小枝和冬芽　叶片　花序　果实　园林应用　园林应用

珍珠梅

Sorbaria kirilowii

科属： 蔷薇科珍珠梅属

别名： 华北珍珠梅、吉氏珍珠梅

形态： 落叶灌木。枝条开展，小枝黄褐色，老枝紫褐色；冬芽卵形，紫褐色，先端圆钝，具有数枚互生外露的鳞片，叶痕倒三角形，较大。奇数羽状复叶互生，小叶13~21枚，卵状披针形，叶缘具重锯齿。顶生圆锥花序，花小，白色。蓇葖果沿腹线开裂。花期6~7月，果期9~10月。

分布与习性： 分布于黄河流域，各地有引种栽培。喜光，耐阴，耐寒，性强健，不择土壤。生长迅速，萌蘖性强，耐修剪。

园林应用： 夏季开花，花叶兼美，花期长，宜栽植于各类建筑物北侧绿化。

野蔷薇

Rosa multiflora

科属：蔷薇科蔷薇属

别名：白残花、刺蘼、买笑

形态：落叶灌木，高1~2m；枝圆柱形蔓生，绿色或紫红色有倒钩皮刺；冬芽卵形，红色。奇数羽状复叶，互生，小叶5~9枚，倒卵形至椭圆形，先端急尖或稍钝，基部宽楔形或圆形，边缘具锐锯齿，有柔毛；托叶大部附着于叶柄上，先端裂片呈披针形，边缘篦齿状分裂并有腺毛。伞房花序圆锥状，花多数；花梗有腺毛和柔毛。蔷薇果近球形，红褐色。花期5~6月，果期9~10。

分布与习性：原产中国华北、华中、华东、华南及西南，各地均有栽培。植株强健，喜光，耐半阴，耐寒，对土壤要求不严，在黏重土中也可正常生长。耐瘠薄，忌低洼积水，喜肥沃、疏松的微酸性土壤。萌蘖性强，耐修剪，抗污染，对有毒气体抗性强。

园林应用：疏条纤枝，横斜披展，叶茂花繁，色香四溢，宜为花篱、基础种植及花架、长廊、粉墙、门侧、假山石壁的垂直绿化。

玫瑰

Rosa rugosa

科属：蔷薇科蔷薇属

别名：红刺玫

形态：落叶直立灌木。茎丛生，枝灰色，枝上密生刚毛或倒刺，冬芽红色。奇数羽状复叶，互生，小叶5~9枚，椭圆形或椭圆状倒卵形，先端急尖或圆钝，缘有钝齿，质厚；表面深绿色，多皱，背面有柔毛及刺毛；托叶大部附着于叶柄，边缘有腺点。花单生于叶腋或数朵聚生，花冠玫红色，芳香，有单瓣与重瓣；花柱短，聚成头状，或稍伸出花托口外，花梗有茸毛和腺体。蔷薇果扁球形，熟时红色，内有多数小瘦果，萼片宿存。花期5~6月，果期8~9月。

分布与习性：在中国东北南部、华北、西北和西南及日本、朝鲜等地均有分布。耐旱，耐涝，耐寒冷，对土壤要求不严，在微碱性土上能生长。喜阳光充足、凉爽而通风及排水良好之处。萌蘖力很强，生长迅速。

园林应用：玫瑰色艳花香，最宜作花篱、花境、花坛及坡地栽植。

常见园林变种：紫玫瑰（花玫瑰紫色）、红玫瑰（花玫瑰红色）、白玫瑰（花白色）、重瓣紫玫瑰（花玫瑰紫色且重瓣）、重瓣白玫瑰（花白色，重瓣）。

形态：落叶丛生直立灌木，高2~3m；老枝灰色，小枝紫红色，有散生硬直皮刺，冬芽红色，长卵形。奇数羽状复叶，互生，小叶7~13枚，宽卵形或近圆形，稀椭圆形，边缘有圆钝锯齿，上面无毛；托叶条状披针形，大部分贴生于叶柄，离生部分呈耳状，边缘有锯齿和腺毛。花单生于叶腋，花瓣黄色，单瓣或重瓣。蔷薇果近球形或倒卵形，紫褐色或黑褐色，直径0.8~1cm，萼片于花后反折。花期4~5月，果期7~9月。

分布与习性：原产中国东北、华北至西北地区，现各地广为栽培。喜光，稍耐阴，耐寒、耐旱、耐瘠薄，少病虫，耐水涝。喜疏松、肥沃土壤，在盐碱土中也能生长。

园林应用：春末夏初开金黄色花朵鲜艳夺目，花期较长，适于花篱、草坪、林缘边丛植，也可作基础种植。

黄刺玫

Rosa xanthina

科属：蔷薇科蔷薇属

老枝 小枝和冬芽 皮刺 叶 单瓣 重瓣 蔷薇果 蔷薇果 园林应用 园林应用

榆叶梅

Amygdalus triloba

科属： 蔷薇科桃属

别名： 小桃红

形态： 落叶灌木。老枝灰紫色，小枝无毛或幼时有毛，红褐色，冬芽并生，卵形，红褐色。单叶互生，椭圆形至倒卵形，叶先端常3裂，边缘具重锯齿，基部阔楔形。花1~2朵，先叶开放，粉红色。核果圆球形有沟槽。

分布与习性： 原产中国北部，各地均有引种栽培。喜光，耐寒，耐旱，对轻碱土能适应，不耐水涝。

园林应用： 榆叶梅枝叶茂密，花繁色艳，象征欣欣向荣，可丛植于公园草地、路边，或庭园中的墙角、池畔等，或列植为花篱，或与连翘配植，或与柳树间植，或配植于山石处。

毛樱桃

Cerasus tomentosa

科属： 蔷薇科樱属

别名： 山樱桃、梅桃、山豆子

形态： 落叶灌木，高2~3m，老枝灰褐色开裂，枝条幼时密被茸毛，冬芽褐色，长卵形，并生。单叶互生，叶倒卵形、椭圆形或卵形，边缘有锯齿，背面密被茸毛。花先叶开放，花白色或淡粉色，单生或2朵并生。核果圆或长圆形，成熟时鲜红。花期4~5月，果期6月。

分布与习性： 原产东北、华北、西南等地。适应性极强，喜光，也耐阴，耐寒，也耐高温，耐旱，耐瘠薄及轻碱土。

园林应用： 毛樱桃花粉白色，可与迎春、连翘等早春黄色系花灌木配植应用，反映春回大地、欣欣向荣的景象，也可在草坪、庭院等地丛植。

麦李 *Cerasus glandulosa*

科属：蔷薇科樱属

形态：落叶灌木，高达2m。老枝灰黑色，小枝红褐色，冬芽并生，近圆形，红色。单叶互生，缘有细钝齿，叶卵状长椭圆形至椭圆状披针形，先端急尖而常圆钝，基部广楔形，两面无毛或背面中肋疏生柔毛。花粉红或近白色。核果成熟后近球形，红色或紫红色，直径1.5~1.8cm；核表面除背部两侧外无棱纹。花期4月，先叶开放或与叶同放。

分布与习性：原产中国中部及北部，各地引种栽培。喜光，耐寒，适应性强。

园林应用：麦李早春开花繁茂，宜于草坪、路边、假山旁及林缘丛植，也可作基础种植。

老枝　小枝和冬芽　叶　花　核果　园林应用　园林应用

郁李

Cerasus japonica

科属： 蔷薇科樱属

别名： 爵梅、秧李

形态： 落叶灌木，干皮褐色，老枝有剥裂，无毛。小枝柔而纤细，冬芽极小，幼时黄褐色，灰褐色。单叶互生，叶卵形或宽卵形，边缘有锐重锯齿，先端尾尖，基部圆形；托叶条形，边缘具腺齿，早落。花瓣粉红色或近白色，花与叶同时开放。核果近球形，深红色，直径约1cm；核表面光滑。

分布与习性： 分布于东北、华北、华中、华南等地。喜光，耐热，耐寒，抗旱，耐水湿，适宜在湿润肥沃的砂质壤土中生长。

园林应用： 郁李花开繁密，果实红艳，是园林中重要的观花、观果树种，宜丛植于草坪、林缘、建筑物前、山石旁，可与棣棠、连翘等花木配植，也可作花篱栽植。

老枝　叶　花　核果　园林应用　园林应用

欧李

Cerasus humilis

科属： 蔷薇科樱属

别名： 山梅子、小李仁、乌拉奈

形态： 落叶灌木，高1~1.5m，枝紫褐色。叶互生，长圆形或椭圆状披针形，长2.5~5cm，宽1~2cm，先端尖，边缘有浅细锯齿，下面沿主脉散生短柔毛。花与叶同放，单生或2朵并生；萼片5，花后反折；花瓣5，白色或粉红色；雄蕊多数；心皮1。核果近球形，直径约1.5cm，熟时鲜红色。花期4~5月，果期5~6月。

分布与习性： 主产东北、内蒙古、河北、山东。喜光，耐寒，喜湿润肥沃壤土。

园林应用： 欧李花果俱美，园林中与岩石配植非常适宜。

形态对比

叶中部最宽

叶中部以下最宽

叶中部以上最宽

花萼筒钟状

花萼筒陀螺状

花萼筒长宽近相等

果红色或紫红色，径1.5–1.8cm；核表面除背部外无棱纹

果深红色，直径约1cm；核表面光滑

果鲜红色，直径约1.5cm

麦李　　郁李　　欧李

连翘

Forsythia suspensa

科属：木犀科连翘属

别名：一串金、黄寿丹、黄花杆、黄花条

形态：落叶丛生灌木，高2~4m。枝开展或伸长，稍带蔓性，常着地生根，小枝黄褐色，稍四棱，皮孔明显，髓中空，芽黄色，锥形。单叶或3小叶对生，叶卵形、宽卵形或椭圆状卵形，无毛，半革质，端锐尖，基部圆形至宽楔形，缘有粗锯齿。花腋生，先叶开放，花冠黄色，花冠基部管状，裂片4枚。蒴果褐色，成熟开裂。花期3~5月，果期7~8月。

分布与习性：原产中国北部、中部及东北各地，庭院、公园、绿地广泛栽培。喜光，有一定的耐阴性，耐寒，耐干旱瘠薄，怕涝，不择土壤。

园林应用：连翘枝条拱形开展，早春花先叶开放，满枝金黄，艳丽可爱，是北方常见优良的早春观花灌木，常丛植于草坪、角隅、岩石假山下，也可作绿篱。

常见园林变种：垂枝连翘（枝较细而下垂）、三叶连翘（叶通常为3小叶或3裂）。

东北连翘

Forsythia mandschurica

科属： 木犀科连翘属

别名： 直生连翘

形态： 落叶灌木，枝直立或斜上，小枝黄色，有棱，具片状髓；冬芽锥形，黄色，芽尖带紫色。单叶对生，叶片卵形至阔卵形，边缘有不整齐粗锯齿，近基部全缘，先端锐尖、短渐尖或短尾状渐尖，基部楔形至圆形。花黄色，1~3朵腋生，先于叶开放，花冠钟状，4深裂，裂片长圆形或披针形，先端微有齿。蒴果卵形，熟时2瓣裂。花期4~5月。

分布与习性： 原产辽宁，东北三省均有栽培。喜光，耐半阴，耐寒，耐干旱瘠薄土壤，喜湿润肥沃土壤。耐移植，易成活。

园林应用： 东北连翘花黄色，先花后叶，宜植于庭园、公园、路旁及篱下等处，也可作花篱或草坪点缀用。

金钟花

Forsythia viridissima

科属：木犀科连翘属

别名：细叶连翘、黄金条

形态：落叶灌木。茎丛生，枝拱形下垂，小枝微四棱，片状髓，黄绿色，芽黄褐色，锥形。单叶对生，椭圆形至披针形，先端尖，基部楔形，中部以上有锯齿。花先叶开放，1~3朵腋生，深黄色。蒴果。花期3~4月。

常见品种：有金脉连翘和金边连翘。

分布与习性：原产中国中部、西南，北方多有栽培。喜光，喜温暖、湿润环境。稍耐阴，较耐寒，耐干旱，较耐湿，对土壤要求不严。

园林应用：金钟花先花后叶，可丛植于墙隅、路边、草坪、树缘等处。

形态对比

枝开展或伸长，稍带蔓性，常着地生根

枝直立或斜上

枝拱形下垂

小枝黄褐色，稍四棱，髓中空

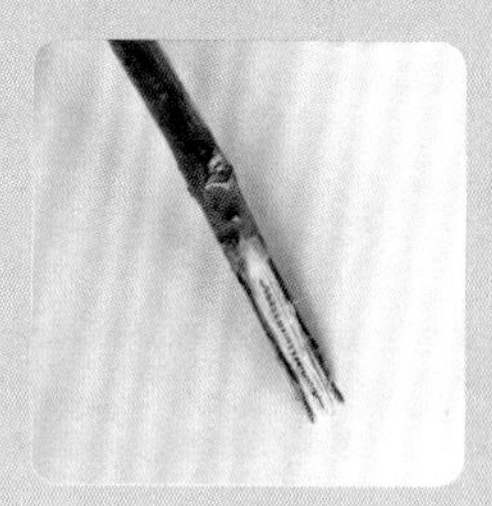

小枝黄色，有棱，具片状髓

小枝微四棱，片状髓

单叶或3小叶对生，叶卵形、宽卵形或椭圆状卵形，基部圆形至宽楔形，缘有粗锯齿

单叶对生，叶片卵形至阔卵形，边缘有不整齐粗锯齿，近基部全缘，基部楔形至圆形

单叶对生，椭圆形至披针形，基部楔形，中部以上有锯齿

花腋生，花冠黄色，花冠基部管状，裂片4枚

花黄色，1~3朵腋生，4深裂，裂片长圆形或披针形，先端微有齿

花1~3朵腋生，深黄色

连翘　　东北连翘　　金钟花

迎春

Jasminum nudiflorum

科属：木犀科茉莉属

别名：迎春花、金腰带、金梅、串串金、清明花

形态：落叶灌木，枝细长，呈拱形下垂生长，四棱形，绿色；芽鳞黄褐色。三出复叶对生，小叶卵状椭圆形，表面光滑，全缘。花单生于叶腋间，花冠高脚碟状，鲜黄色，裂片6，或重瓣，为花冠筒长的一半。花期3~5月，可持续50天之久。

分布与习性：产于中国北部、西部、西南各地，华北以南可露地栽培。喜光，稍耐阴，较耐寒，也耐干旱，怕涝，在酸性土中生长旺盛。根部萌蘖力强，枝端着地部分极易生根。

园林应用：迎春枝条披垂，枝条鲜绿，早春先花后叶，花色金黄，叶丛翠绿，宜配置在林缘、溪畔、湖边、墙隅、草坪、坡地。

紫丁香

Syringa oblata

科属： 木犀科丁香属

别名： 丁香、华北紫丁香

形态： 落叶灌木或小乔木。枝条粗壮无毛，假二叉分枝，冬芽卵形，芽鳞紫色。单叶对生，叶阔卵形，基部心形或截形，全缘，通常宽度大于长度，端锐尖。圆锥花序，花紫色，芳香；花冠合生，端4裂开展；花药生于花冠中部或中上部，雄蕊不露出花冠。蒴果长圆形，顶端尖，平滑。花期4月，果熟期9月。

分布与习性： 分布于辽宁、吉林、内蒙古、河北、山东、陕西、甘肃。对二氧化硫有较强的吸收能力，可净化空气。

园林应用： 紫丁香枝叶茂密，花美而香，是中国北方各地应用最普遍的花木之一，于公园、花园、庭园、机关、厂矿、居民区等地孤植、丛植或成片栽植。

小叶丁香 *Syringa microphylla*

科属：木犀科丁香属

别名：四季丁香、二度梅、野丁香

形态：落叶灌木，老枝灰黑色，幼枝灰褐色，被柔毛，冬芽卵形，紫色芽鳞。单叶对生，卵圆形或椭圆状卵形，全缘。圆锥花序侧生，淡紫红色；蒴果圆锥形，长1~1.5cm，顶端稍弯呈喙状渐尖或钝形，表面有疣状突起。一年二度开花，花期分别为4月下旬至5月上旬和7月下旬至8月上旬，果熟期9~10月。

分布与习性：原产中国东北北部至西南地区。耐寒、耐旱，忌湿热、积涝。喜光，耐半阴。以疏松通透的中性土壤为宜，忌酸性土。

园林应用：小叶丁香叶小、枝细、花艳，适栽植庭园、医院、学校、风景区等地，可孤植、丛植或成片栽植在草坪、路边、林缘，也可与其他乔灌木配植。

雪柳

Fontanesia fortunei

科属：木犀科雪柳属

别名：珍珠花、五谷树、挂梁青

形态：落叶灌木或小乔木，高达8m；树皮灰褐色；枝灰白色，圆柱形，小枝淡黄色或淡绿色，四棱形或具棱角，冬芽卵形，褐色。单叶对生，纸质，披针形、卵状披针形或狭卵形，长3~12cm，宽0.8~2.6cm，先端锐尖至渐尖，基部楔形，全缘，两面无毛；叶柄长1~5mm。圆锥花序顶生或腋生，花两性或杂性同株；花冠深裂至近基部，裂片卵状披针形，长2~3mm，宽0.5~1mm，先端钝，基部合生；花柱长1~2mm，柱头2叉。果黄棕色，倒卵形至倒卵状椭圆形，扁平，长7~9mm，先端微凹，花柱宿存，边缘具窄翅；种子长约3mm，具三棱。花期4~6月，果期6~10月。

分布与习性：分布于中国中部至东部，尤以江苏、浙江一带最为普遍，辽宁南部有栽培。喜光，稍耐阴，喜温暖，较耐寒；喜肥沃、排水良好的土壤。

园林应用：雪柳叶子细如柳叶，开花季节白花满枝，宛如白雪，是非常好的蜜源植物。在庭院中孤植观赏，也是防风林树种。

水蜡

Ligustrum obtusifolium

科属： 木犀科女贞属

别名： 水蜡树

形态： 落叶灌木，高达3m。假二叉分枝，幼枝具柔毛，冬芽小，黄色。单叶对生，叶椭圆形至长圆状倒卵形，长3~5cm，全缘，背面或中脉具柔毛。圆锥花序顶生、下垂，长仅4~5cm，生于侧面小枝上，花白色，芳香；花具短梗；萼具柔毛；花冠管长于花冠裂片2~3倍。核果黑色，椭圆形，稍被蜡状白粉。花期6月，果期8~9月。

分布与习性： 原产于中国中南地区，现北方各地广泛栽培。适应性较强，喜光照，稍耐阴，耐寒，耐修剪，对土壤要求不严。

园林应用： 水蜡多作造型树或绿篱使用，也是制作盆景的好材料。

假二叉分枝和冬芽　幼枝　叶　花序　核果　园林应用　园林应用　园林应用

金叶女贞

Ligustrum × *vicaryi*

科属：木犀科女贞属

别名：英国女贞

形态：落叶灌木，株高2~3m，其嫩枝带有短毛，冬季枯叶不落，冬芽紫褐色，卵形。单叶对生，薄革质；新叶金黄色，老叶黄绿色至绿色。总状花序，花为两性。核果椭圆形，内含1粒种子，颜色为黑紫色。花期5~6月，果期10月。

分布与习性：原产于美国加利福尼亚，中国东北南部、华北、华东、华南等地区有栽培。喜光，稍耐阴，适应性强，抗干旱，病虫害少，萌芽力强，生长迅速，耐修剪。

园林应用：常片植或丛植，或作绿篱。

冬季枯叶不落和冬芽

新叶

老叶

花序

园林应用

园林应用

园林应用

紫穗槐

Amorpha fruticosa

科属：豆科紫穗槐属

别名：棉槐、棉条、穗花槐

形态：落叶灌木。高1~4m，丛生，皮暗灰色，平滑，小枝灰褐色，有凸起皮孔；冬芽褐色，叠生。奇数羽状复叶，互生，小叶11~25枚，卵形，狭椭圆形，先端圆形，全缘，叶内有透明油腺点。总状花序密集顶生，花序轴密生短柔毛，萼钟形，常具油腺点，旗瓣蓝紫色，翼瓣、龙骨瓣均退化。荚果弯曲，短，长7~9mm，棕褐色，密被瘤状腺点，不开裂，内含1粒种子，种子具光泽。花果期5~10月。

分布与习性：原产美国。在中国东北、华北、河南、华东、湖北、四川等地均有分布。喜光，耐寒、耐旱、耐湿、耐盐碱、抗风沙、抗逆性极强，萌芽性强，根系发达。

园林应用：枝叶繁密，根部有根疣可改良土壤，枝叶对烟尘有较强的吸附作用，常作林缘栽植、被覆地面和工业区绿化。

小枝有凸起皮孔　叶　花序　荚果　园林应用　园林应用

紫荆

Cercis chinensis

科属：豆科紫荆属
别名：满条红、苏芳花、紫株、乌桑、箩筐树

形态：落叶丛生灌木；上部枝呈现“Z”字形，冬季花芽较大，芽鳞松散；叶痕倒三角形。单叶互生，叶心形，全缘，两面无毛，顶端急尖。花先叶开放，5~9朵簇生于老枝上，紫红色；花萼阔钟状，花瓣5，假蝶形花。荚果狭长椭圆形，扁平，不开裂，沿腹缝线处具窄翅。花期4~5月，果期9~10月。

分布与习性：原产于湖北西部，在云南、四川、广东、陕西、甘肃、河南、河北、辽宁南部等地有分布。喜光，耐暑热，有一定的耐寒性；喜排水良好、肥沃的土壤，不耐淹；萌蘖性强，耐修剪。

园林应用：树干丛生挺直，早春先花后叶，盛开时花朵成簇，紧贴枝干，花形似蝶，给人以繁花似锦的感觉，适于广场、草坪、庭院、公园、街头游园、道路绿化带等处丛植。

胡枝子

Lespedeza bicolor

科属：豆科胡枝子属

别名：随军茶、二色胡枝子

形态：落叶灌木，高0.5~2m，老枝灰褐色，嫩枝黄褐色，分枝多、细长，常拱垂，微被平伏毛，有棱脊。三出复叶互生，小叶卵形、卵状椭圆形或椭圆状披针形，全缘，先端圆钝或微凹，有小尖头，基部楔形，背面密被毛。总状花序腋生，单生或数个排成圆锥状，花冠紫红色。荚果密被柔毛。花期8月，果期9~10月。

分布与习性：原产中国北部、日本、朝鲜半岛。耐寒、耐干旱、耐瘠薄，喜光稍耐阴，对土壤要求不严格。

园林应用：胡枝子花繁叶绿，可丛植于自然式园林中观赏。

落叶灌木

红花锦鸡儿

Caragana rosea

科属：豆科锦鸡儿属

别名：金雀儿、金雀锦鸡儿

形态：落叶多枝直立小灌木，高约1m。树皮暗灰色、黄灰色或稍带绿色；枝条细长，嫩枝黄褐色，后变栗褐色，有细棱，具托叶刺；冬芽略呈扁卵形，褐色。叶互生或在短枝上簇生，小叶4枚，假掌状排列，上面一对通常较大，长椭圆状倒卵形，先端圆或微凹，有刺尖，基部楔形，全缘，上面深绿色，下面淡绿色。花单生，花梗上部有关节，花萼钟形，无毛，基部偏斜；花冠蝶形，粉黄中带紫色。荚果近圆筒形，褐色，无毛。花期5~6月，果期7~8月。

分布与习性：产于华北至浙江地区，生于山坡、沟边或灌丛中，东北三省有栽培。耐干旱，耐寒、耐修剪。

园林应用：红花锦鸡儿花朵美丽，可作绿篱、地被等。

树锦鸡儿

Caragana arborescens

科属：豆科锦鸡儿属

别名：蒙古锦鸡儿、小黄刺条

形态：大灌木或小乔木，高达7m，常呈灌木状；树皮深灰绿色，平滑。小枝有棱，幼时被毛，枝具托叶刺。偶数羽状复叶在长枝上互生，在短枝上簇生，小叶4~8对，长圆状倒卵形、窄倒卵形或椭圆形，先端圆钝，具小突尖，幼时疏被柔毛，后脱落，或仅下面被柔毛。花2~5朵簇生，花梗上部具关节，萼钟形，蝶形花冠，黄色。荚果圆筒形，先端渐尖。花期5~6月，果期8~9月。

分布与习性：原产中国北部及中部地区。喜光，耐寒。深根性，生长势强，适应性强，耐干旱瘠薄土壤，可在岩石缝隙中和沙地生长。

园林应用：树锦鸡儿花朵美丽，叶色鲜绿，可孤植、丛植于岩石旁、小路边，也可作绿篱及水土保持树种。

落叶灌木

小叶锦鸡儿

Caragana microphylla

科属：豆科锦鸡儿属

别名：牛筋条、雪里洼

形态：落叶灌木，高1~2（3）m；老枝深灰色或黑绿色，嫩枝被毛，直立或弯曲。偶数羽状复叶有5~10对小叶；托叶长1.5~5cm，脱落；小叶倒卵形或倒卵状长圆形，先端圆或钝，具短刺尖，幼时被短柔毛。花梗长约1cm，近中部具关节，被柔毛；花萼管状钟形，萼齿宽三角形；花冠黄色，长约25mm，旗瓣宽倒卵形，先端微凹，基部具短瓣柄，翼瓣的瓣柄长为瓣片的1/2，耳短，齿状；龙骨瓣的瓣柄与瓣片近等长，耳不明显，基部截平。荚果圆筒形，稍扁，长4~5cm，宽4~5mm，具锐尖头。花期5~6月，果期7~8月。

分布与习性：主要分布于东北、华北及山东、陕西、甘肃等地。深根性，生长势强，适应性强，耐干旱瘠薄土壤，可在岩石缝隙中和沙地生长。

园林应用：小叶锦鸡儿花朵美丽，可丛植于岩石旁、小路边，也可作绿篱及水土保持树种。

形态对比

小叶4枚，假掌状排列

偶数羽状复叶，小叶4~8对

偶数羽状复叶，有5~10对小叶

荚果近圆筒形

荚果圆筒形，先端渐尖

荚果圆筒形，稍扁，具锐尖头

红花锦鸡儿　树锦鸡儿　小叶锦鸡儿

形态：多分枝直立灌木。高达3m；老枝光滑，茎皮剥落，幼枝红褐色，被短柔毛及糙毛。单叶对生，椭圆形至卵状椭圆形，长3~8cm，宽1.5~2.5cm，顶端尖或渐尖，基部圆或阔楔形，全缘，少有浅齿状，上面深绿色，两面散生短毛，脉上和边缘密被直柔毛和睫毛。伞房状聚伞花序具长1~1.5cm的总花梗，花梗几不存在；苞片披针形，紧贴子房基部；萼筒外面密生长刚毛，上部缢缩似颈，裂片钻状披针形；花冠淡红色，长1.5~2.5cm，直径1~1.5cm，基部甚狭，中部以上突然扩大，外有短柔毛，内面具黄色斑纹；花药宽椭圆形；花柱有软毛，柱头圆形。果实密被黄色刺刚毛，顶端伸长如角，冠以宿存的萼齿。花期5~6月，果熟期8~9月。

分布与习性：忍冬科蝟实属为中国特有种。产山西、陕西、甘肃、河南、湖北及安徽等地。生于海拔350~1340m的山坡、路边和灌丛中。

园林应用：花色淡红，果实奇特，适宜丛植。

金银木

Lonicera maackii

科属：忍冬科忍冬属

别名：金银忍冬、胯杷果

形态：落叶灌木，高可达6m，株形圆整；老枝浅纵裂，灰黑色；小枝中空，拱形，芽黄色，锥形。单叶对生，叶呈卵状椭圆形至卵状披针形；先端渐尖，叶两面疏生柔毛。花成对腋生，花冠合瓣，二唇形，先白色，后变黄色，有微香。浆果状核果，球形，亮红色。花期5~6月，果熟期9月，宿存于枝上可达2~3个月。

分布与习性：产于东北，分布很广。喜光也耐阴，耐寒，耐旱，喜湿润肥沃及深厚的壤土。

园林应用：金银木树势旺盛，枝叶丰满，春末夏初花开金银相映，秋冬红果缀枝，常孤植或丛植于山坡、林缘、路边、草坪、水边或建筑周围。

新疆忍冬 *Lonicera tatarica* var. *tatarica*

科属：忍冬科忍冬属

别名：鞑靼忍冬

形态：落叶灌木。冬芽小，约有4对鳞片。单叶对生，叶纸质，卵形或卵状矩圆形，顶端尖，稀渐尖或钝形，基部圆或近心形，两侧稍不对称，边缘有短糙毛。花在叶腋处成对着生，总花梗纤细，相邻两花的萼筒分离，花冠粉红色或白色。果实红色。花期5~6月，果期7~8月。

分布与习性：原产新疆北部，黑龙江和辽宁等地有栽培。

园林应用：新疆忍冬花美叶秀，适于庭院孤植、丛植等。

叶

果实

花

园林应用

园林应用

秦岭忍冬 *Lonicera ferdinandi*

科属： 忍冬科忍冬属

形态： 落叶灌木。树皮条状剥落；枝开展，有刺状毛。芽具2枚舟形鳞片。叶柄密生刺毛，叶卵形或长圆状披针形，两面有粗毛，先端渐尖，基部截形。花冠淡黄色，花筒基部一侧微隆起。果实包于坛状壳斗之内，成熟后壳斗破裂，露出红色浆果。花期5月下旬，果期9月上旬。

分布与习性： 分布于中国华北、西北及四川。

园林应用： 同金银忍冬。

锦带花

Weigela florida

科属： 忍冬科锦带花属

别名： 五色海棠、山脂麻、海仙花

形态： 落叶灌木。幼枝有柔毛。单叶对生，具短柄，叶片椭圆形或卵状椭圆形，先端锐尖或渐尖，基部圆形，缘有锯齿，叶背有毛。花1~4朵组成伞房花序，着生小枝的顶端或叶腋，花冠漏斗状钟形，裂片5，淡粉红色、玫瑰红色，里面较淡，萼筒绿色，花萼裂到一半。蒴果柱形，种子细小。花期5~6月，果期10月。

分布与习性： 原产华北、东北及华东北部。喜光，耐阴，耐寒，怕水涝；能耐瘠薄土壤，但在湿润、深厚而腐殖质丰富的土壤生长最佳。萌芽力强，生长迅速。

园林应用： 锦带花枝叶繁盛，花色鲜艳，花期可达2个月之久，适于在树丛、林缘作花篱、花丛配植，也可在庭园角隅、湖畔群植。

红王子锦带花

Weigela florida 'Red Prince'

科属：忍冬科锦带花属

形态： 落叶开张性灌木。株高1~2m，枝直立，老枝灰褐色，冬芽对生，褐色，锥形，叶痕半圆形，叶迹3组，较明显。单叶对生，叶椭圆形，先端渐尖，叶缘有锯齿，红枝及叶脉具柔毛。花冠5裂，漏斗状钟形，花冠筒中部以下变细，雄蕊5，雌蕊1，高出花冠筒，聚伞花序，生于小枝顶端或叶腋。蒴果柱状，黄褐色，果期8~9月。

分布与习性： 同锦带花。

园林应用： 同锦带花。

金叶锦带花：为红王子锦带花的优良芽变新类型。枝条开展成拱形，整个生长季叶片为金黄色，花鲜红色，繁茂艳丽，抗寒性强，可耐–29℃左右低温，较耐干旱、耐污染。花期自4月陆续开到10月。

紫叶锦带花：为红王子锦带花的优良芽变新类型。整个生长季叶片为紫红色，花紫粉色，繁茂艳丽，抗寒性强，可耐–20℃左右低温，较耐干旱、耐污染。

接骨木

Sambucus williamsii

科属：忍冬科接骨木属

别名：公道老、续骨木、马尿骚

形态：灌木至小乔木，高达6m；老枝有皮孔，芽饱满，紫褐色，桃形，叶痕半圆形，叶迹3组。奇数羽状复叶，对生，小叶5~7枚，椭圆形至矩圆状披针形，长5~12cm，顶端尖至渐尖，基部常不对称，边有锯齿，揉碎后有臭味，总叶柄与枝连接处有紫色晕斑。圆锥花序顶生，长达7cm；花小，白色至淡黄色；萼齿三角状披针形；花冠辐状，裂片5，长约2mm；雄蕊5，约与花冠等长。浆果状核果近球形，直径3~5mm，红色或黑紫色；种子2~3粒，卵形至椭圆形，长2.5~3.5mm，略有皱纹。

分布与习性：中国自东北向南分布，至南岭以北，西至甘肃南部和四川、云南（东南部）。喜光，耐寒，耐旱，根系发达，有较强萌蘖性，植株强健。

园林应用：接骨木枝叶繁茂，春季白花满树，夏秋红果累累，是良好的观赏灌木，宜植于草坪、林缘或水边；对工厂的有害气体有较强的抗性，可用作防护林。

天目琼花

Viburnum sargentii

科属： 忍冬科荚蒾属

别名： 鸡树条荚蒾、并头花、佛头花、鸡树条

形态： 落叶灌木，高约3m。枝略带木栓，有明显皮孔。冬芽锥形，红色。单叶对生，叶宽卵形至卵圆形，通常3裂，缘有不规则锯齿，叶柄下有2~4腺体。聚伞花序生于侧枝顶端，边缘为白色大型不孕花；中间为两性花，花冠白色。核果近球形，红色。花期5~6月，果期8~9月

分布与习性： 东北、华北至长江流域均有分布。喜光又耐阴，多生于夏凉湿润多雾的灌木丛中；耐寒，微酸性和中性土壤均可生长；根系发达，易移植。

园林应用： 天目琼花树态清秀，叶绿、花白、果红，且秋季叶变紫红色。宜于建筑物四周、草地、林缘、路边、假山旁孤植、丛植或片植。因其耐阴，还可植于建筑物北面。

枝和冬芽 叶 花序 核果 核果 园林应用 园林应用

欧洲荚蒾

Viburnum opulus

科属：忍冬科荚蒾属

别名：欧洲琼花、雪球

形态：落叶灌木。高可达4m；老枝灰白色，新枝褐色，冬芽卵圆形，有柄。单叶对生，圆卵形至广卵形或倒卵形，通常3裂，掌状，裂片顶端渐尖，边缘具不整齐粗牙，边缘疏生波状牙齿，叶柄粗壮。复伞形式聚伞花序，周围有大型的不孕花，总花梗粗壮，无毛，花生于第二至第三级辐射枝上，花梗极短；萼齿三角形，均无毛；花冠白色，辐状，花药黄白色，不孕花白色。果实红色，近圆形。5~6月开花，果熟期9~10月。

分布与习性：分布在欧洲、高加索、远东地区以及中国大陆的新疆等地，生长于海拔1000~1600m的地区，多生长于河谷云杉林下。

园林应用：欧洲荚蒾花期较长，花白色清雅。宜于建筑物四周、草地、林缘、路边、假山旁孤植、丛植或片植。因其耐阴，还可植于建筑物北面。

紫叶小檗

Berberis thunbergii 'Atropurpurea'

科属：小檗科小檗属

形态：落叶小灌木，高2~3m。老枝灰黑色，小枝多红褐色，有沟槽，具短小针刺，刺不分叉。单叶互生，倒卵形或匙形，长0.5~2cm，全缘，叶常年紫红，光滑无毛，两面叶脉不显，入秋叶色变红。腋生伞形花序或2~12朵簇生，花两性，萼、瓣各6枚，花淡黄色。浆果长椭圆形，长约1cm，熟时亮红色，花柱宿存，种子1~2粒。花期5~6月，果熟期9~10月。

分布与习性：中国南北均有栽培。喜光也耐阴，耐寒性强，喜温凉湿润的气候环境，对土壤要求不严，较耐干旱瘠薄，忌积水，萌芽力强，耐修剪。

园林应用：紫叶小檗分枝密，姿态圆整，春开黄花，秋结红果，深秋叶色紫红，果实经冬不落，适于园林中孤植、丛植或栽作绿篱。

阿穆尔小檗

Berberis amurensis

科属：小檗科小檗属
别名：三颗针

形态：落叶灌木。枝灰褐色，刺单一或3分叉，粗壮。叶倒卵形至椭圆形，先端急尖或钝，基部下延呈柄，边缘具前伸的纤毛状细密锯齿，两面无毛。总状花序下垂，具花40~50朵；苞片披针形；花淡黄色；外轮萼片狭卵形，内轮萼片倒卵形；花瓣卵形，先端钝，2裂；子房椭圆柱形，无花柱，柱头头状。浆果椭圆形，红色。花期5月，果期7~8月。

分布与习性：分布于中国东北、华北及山东、陕西、甘肃等地。生于山坡灌丛中。适应性强，较喜光，耐半阴；喜凉爽湿润环境，耐寒性强；较耐旱；在肥沃湿润、排水良好的土壤生长良好；萌芽力强，耐修剪。

园林应用：花朵黄色而密集、秋果红艳且挂果期长，宜丛植于草地边缘、林缘，也可用于点缀池畔或配植于岩石园中。

叶　花序　浆果　园林应用

细叶小檗

Berberis poiretii

科属：小檗科小檗属

别名：针雀、酸狗奶子

形态：落叶灌木，高约2m。小枝灰褐色或黄褐色，常密被黑色疣点，有棱刺，3分叉或单一。叶狭倒披针形，先端急尖，基部楔形，全缘或上部有锯齿。总状花序下垂，花黄色，花瓣倒卵形。果实椭圆形，红色。花期6~7月，果期7~8月。

分布与习性：产于中国东北、华北地区。常生于山坡沟边、干瘠处及阴湿林下。适应性强，喜光，有一定的耐阴能力，耐寒，萌芽力强，耐修剪。

园林应用：花朵黄色、秋果红艳，适于自然风景区和森林公园内应用，也可配植于岩石园中。

红瑞木

Swida alba

科属：山茱萸科梾木属

别名：凉子木、红瑞山茱萸

形态：落叶灌木，高3m；休眠枝血红色，常被白粉，白色皮孔明显。冬芽锥形，被茸毛。单叶对生，卵形至椭圆形，长4~9cm，宽2.5~5.5cm。伞房状聚伞花序顶生，花小，黄白色。核果斜卵圆形，花柱宿存，成熟时白色或稍带蓝紫色。

分布与习性：分布于东北、内蒙古、河北、山东、江苏、陕西，生于海拔600~1700m（在甘肃可高达2700m）的杂木林或针阔叶混交林中。极耐寒、耐旱、耐修剪，喜光，喜较深厚湿润但肥沃疏松的土壤。

园林应用：红瑞木秋叶鲜红，小果洁白，落叶后枝干红艳如珊瑚，是少有的观茎植物，适宜孤植或丛植。

常见园林变种：金叶红瑞木和金枝红瑞木。

山茱萸

Cornus officinalis

科属：山茱萸科山茱萸属

别名：山萸肉、药枣、枣皮

形态：落叶灌木或小乔木，高约4m。树皮浅褐色，呈薄片剥裂。冬芽锥形，褐色。单叶对生，叶腋有黄褐色毛丛。伞形花序顶生或腋生，花先叶开放，黄色。核果长椭圆形，光滑，熟时红色。种子长椭圆形，两端钝圆。花期4月，果期9月。

分布与习性：产中国长江流域及河南、陕西等地，各地多栽培。性强健，喜光，耐寒，喜肥沃而湿度适中的土壤，也能耐旱。

园林应用：早春枝头开金黄色小花，入秋有亮红的果实，深秋叶色鲜艳，宜植于庭园观赏，或作盆栽、盆景材料。

四照花

Cornus kousa subsp. *chinensis*

科属：山茱萸科山茱萸属

别名：石枣、羊梅、山荔枝

形态：落叶灌木或小乔木。高可达9m，小枝细，绿色，后变褐色，光滑，嫩枝被白色短茸毛。叶纸质，单叶对生，卵形或卵状椭圆形，侧脉3~5对。头状花序近球形，花序基部有白色的总苞片4枚，花瓣状，卵形或卵状披针形。聚合核果肉质，成熟后变为紫红色，俗称"鸡素果"。花期5~6月，果熟期9~10月。

分布与习性：原产长江流域及河南、陕西、甘肃等地。喜光，耐半阴，喜温暖湿润气候，喜肥沃而排水良好的砂质土壤。适应性强，耐-15℃低温。

园林应用：四照花树形美观，春赏亮叶，夏观玉花，秋看红叶红果，可孤植或列植，也可丛植于林缘、路边、草坪、池畔。

紫薇 *Lagerstroemia indica*

科属：千屈菜科紫薇属
别名：痒痒树、百日红、满堂红

形态：落叶灌木或小乔木。树冠不整齐，枝干多扭曲，树皮薄片状剥落后特别光滑。树干愈老愈光滑，用手抚摸，全株微微颤动。幼枝略呈四棱形。冬芽褐色，锥形。单叶互生或近对生，近无柄，椭圆形、倒卵形或长椭圆形，先端尖或钝，基部广楔形或圆形，全缘。圆锥花序顶生，花瓣紫色、红色、粉红色或白色，边缘有不规则缺刻，基部有长爪，花丝较长，萼片三角形。蒴果椭圆状球形，6瓣裂，种子有翅。花期6~9月，果期7~9月。

分布与习性：原产亚洲南部及大洋洲北部。现中国北至辽宁南部，南达广州均引种普遍。喜光，稍耐阴，耐旱，怕涝，喜温暖气候，耐寒性不强，喜肥沃湿润而排水良好的石灰质土壤。萌蘖性强，生长较慢，寿命长。对二氧化硫、氟化氢及氮气的抗性强，能吸收有害气体。

园林应用：紫薇树姿优美，树干光滑洁净，花色艳丽，开花时正当夏秋少花季节，花期极长，有“百日红”之称。适宜种植在庭院及建筑物前，也宜栽在池畔、湖边及草坪上。

常见园林变种：银薇（花白色）、翠薇（花紫堇色，叶色暗绿）。

银芽柳

Salix leucopithecia

科属：杨柳科柳属

别名：棉花柳、银柳

形态： 落叶大灌木。枝条红褐色，冬芽卵形，红紫色，有光泽。叶互生，长椭圆形，缘具细锯齿，表面微皱，深绿色，背面密被白毛，中脉淡褐色，侧脉8~18对，呈钝角开展，半革质。雄花序圆柱状，早春叶前开放，初开时芽鳞舒展，包被于花序基部，红色而有光泽，盛开时花序密被银白色绢毛，雄蕊离生。花期12月至翌年2月。

分布与习性： 原产中国东北地区、朝鲜半岛、日本，现上海、杭州、南京一带有栽培。喜光，喜湿润土地，较耐寒。适宜在土层深厚、疏松肥沃的土壤中生长。

园林应用： 银芽柳花序美观，常植于湖滨、池畔、河岸、堤防绿化。

枝条　冬芽　叶　雄花序初开　雄花序盛开　园林应用　园林应用

东陵八仙花

Hydrangea bretschneideri

科属： 虎耳草科八仙花属

别名： 东陵绣球、柏氏绣球

形态： 落叶灌木。枝通常片状剥落，红褐色，冬芽褐色，扁圆形，叶痕倒三角形。叶对生，卵形或椭圆状卵形，先端渐尖，边缘有锯齿，叶面深绿色，无毛或脉上有疏柔毛，背面密生灰色柔毛；叶柄被柔毛。伞房状聚伞花序顶生，径10~15cm，边缘着不育花，初白色、后变淡紫色，中间有浅黄色可孕花。蒴果近圆形，种子两端有翅。花期6~7月下旬，果熟期10月。

分布与习性： 产中国东北地区南部和黄河流域各地。喜光，稍耐阴，耐寒，忌干燥，喜半阴及湿润且排水良好环境。

园林应用： 宜于林缘、池畔、庭园角隅及墙边孤植或丛植。

枝　冬芽和叶痕　叶　花序　蒴果　园林应用　园林应用

形态：灌木，高2m。老枝紫褐色或灰褐色，表皮片状脱落，小枝褐色或灰褐色，光滑中空。单叶对生，叶片卵形或卵状披针形，边缘有细锯齿，先端短渐尖或锐尖，基部广楔形或圆形，正面被4~6条放射状星状毛，背面被6~9（12）条粗糙放射状星状毛。聚伞花序1~3朵花生于枝顶，花较大，直径2.5~3cm，萼筒密被星状毛，花瓣白色。蒴果半球形，具宿存花柱。花期4月下旬，果熟期6月。

分布与习性：产于中国湖北、河南、山东、河北、内蒙古、辽宁等地。耐寒，耐旱，忌低洼积水。喜光，稍耐阴，对土壤要求不严。

园林应用：花大色白，繁密素雅，庭园观赏，也可植花篱。

大花溲疏

Deutzia grandiflora

科属：虎耳草科溲疏属

别名：华北溲疏

山梅花

Philadelphus incanus

科属：虎耳草科山梅花属

形态：落叶灌木。树皮褐色，薄片状剥落，枝具白髓。小枝幼时密生柔毛，后渐脱落。单叶对生，基部3~5主脉，卵形或卵状长椭圆形，缘具细尖齿，上面被刚毛，叶下面密被白色长粗毛。花白色，5~7朵组成总状花序，花萼绿色，被毛。蒴果4瓣裂。花期5~6月，果期9~10月。

分布与习性：原产中国陕西、广东、河南一带。甘肃南部、四川西部均有自然分布，湖北西部等地均有栽培。喜光，喜温暖也较耐寒，耐旱，怕水湿，不择土壤，生长快。

园林应用：花朵洁白、美丽，花期长，宜丛植、片植于草坪、山坡、林缘地带，与建筑、山石等配植效果好。

小枝密生柔毛　叶正面有刚毛　叶背面密被白色长粗毛　花序　花萼　园林应用

太平花

Philadelphus pekinensis

科属： 虎耳草科山梅花属

别名： 北京山梅花、山梅花

形态： 丛生落叶灌木，高可达2m。树皮薄片状剥落，栗褐色；小枝光滑无毛，常带紫褐色，枝具白髓。单叶对生，叶卵状椭圆形，3主脉，先端渐尖或长渐尖，缘疏生小齿，通常两面无毛，或有时背面腺腋有簇毛；叶柄带紫色。总状花序有花5~9朵，花乳白色，清香，花萼黄绿色，无毛。蒴果。花期4~6月，果期8~10月。

分布与习性： 产于中国北部及西部，各地都有栽培。喜光，耐寒，稍耐阴，耐干旱，怕水湿，宜植于湿润肥沃而排水良好的壤土。

园林应用： 太平花枝叶繁密，花多而清香美丽。宜丛植于草坪、建筑物前或假山石旁，也可作自然式花篱或大型花坛中心栽植材料。

小枝　叶　叶背面无毛　花序　花萼　园林应用

形态对比

小枝幼时密生柔毛，后渐脱落

小枝光滑无毛，常带紫褐色

单叶对生，上面被刚毛，叶下面密被白色长粗毛

单叶对生，通常两面无毛

花萼绿色，被毛

花萼黄绿色，无毛

山梅花　　　太平花

迎红杜鹃

Rhododendron mucronulatum

科属： 杜鹃花科杜鹃花属

别名： 迎山红、尖叶杜鹃、蓝荆子

形态： 落叶灌木，高1~2m，分枝多，枝干灰黑色，幼枝细长，疏生鳞片。单叶互生，质薄，叶片椭圆形或椭圆状披针形，边缘全缘或有细圆齿，叶面疏生鳞片，下面鳞片大小不等，褐色。2~5朵花簇生枝顶，先叶开放；花冠宽漏斗状，淡红紫色。蒴果。花期4~5月，果期6~7月。

分布与习性： 分布于中国辽宁、内蒙古（北达满洲里）、河北、山东、江苏北部。欧洲和韩国普遍栽培。喜光，耐寒，喜排水良好和空气湿润的地方。

园林应用： 先花后叶，开花早，花淡紫色，可与岩石配置，也可丛植。

照山白

Rhododendron micranthum

科属：杜鹃花科杜鹃花属

别名：照白杜鹃

形态：半常绿灌木，高达2m。小枝被褐色鳞片及柔毛，芽褐色，卵形。单叶互生，革质，狭卵圆形或椭圆状披针形，边缘有疏浅齿或不明显，上面绿色，叶下面密生褐色腺鳞，先端尖，基部楔形。花密生成总状花序；花冠钟形，白色，5裂。蒴果长圆形，成熟后褐色，外面有鳞片。花期5~6月。果期7~9月。

分布与习性：分布中国中部各地，华北、东北平原与西北地区可栽培。喜阴，耐干旱、耐寒、耐瘠薄，适应性强，喜酸性土壤。

园林应用：枝条较细，且花小色白，野生于山坡、山沟石缝，可与岩石配置，也可丛植于庭院、公园供观赏。

紫玉兰

Magnolia liliflora

科属： 木兰科木兰属

别名： 辛夷、木笔、木兰

形态： 落叶大灌木或小乔木。树皮灰褐色，小枝紫褐色，芽被黄褐色长绢毛。单叶互生，叶椭圆形或倒卵状椭圆形，全缘，先端渐尖，基部楔形，背面脉上有毛；托叶痕在叶柄中部以下。花单生枝顶；萼片3，绿色，披针形，长为花瓣的1/3，早落；花瓣6，外面紫色，内面近白色，叶前开花或花叶同放。蓇葖果聚合成球果状。花期3~4月，果熟期9~10月。

分布与习性： 原产中国。喜光，不耐寒，北京小气候可露地越冬。喜肥沃、湿润而排水良好的土壤。根肉质，怕积水。

园林应用： 花蕾形大如笔头，有"木笔"之称，为中国人民所喜爱的传统庭园花木，宜配植于庭院室前，丛植于草地边缘。

芽　叶　花　蓇葖果　园林应用　园林应用

星花玉兰

Magnolia stellata

科属：木兰科木兰属

别名：重花辛夷、星花木兰、日本毛木兰

形态：落叶灌木或小乔木。树皮灰褐色，枝繁密，当年生小枝绿色，密被白色绢状毛，二年生枝深褐色，白色皮孔明显；冬芽密被平伏长柔毛，叶痕新月形。叶倒卵状长圆形，有时倒披针形，长4~10cm，宽3.7cm，顶端钝圆、急尖或短渐尖；基部渐狭窄楔形，上面常绿色，无毛，下面浅绿色；中脉及叶柄被柔毛，托叶痕约为叶柄长之半。花蕾卵圆形，密被淡黄色长毛；花先叶开放，直立，芳香，盛开时直径7~8.8cm，内数轮瓣状花被片12~45，狭长圆状倒卵形，长4~5cm，宽0.8~1.2cm，花色多变，白色至紫红色。聚合果长约5cm，仅部分心皮发育而扭转。花期3~4月，果熟期9~10月。

分布与习性：原产日本，分布区狭小，久经栽培，有多种栽培品系，中国青岛、南京、辽宁南部有栽培。耐风寒及耐碱性土壤。

园林应用：星花玉兰开花最早，花开最美，堪称“早春之秀”。从花蕾初绽到花瓣落尽，历时1个月，宜配植于庭院室前，丛植于草地边缘。

鹅耳枥

Carpinus turczaninowi

科属：桦木科鹅耳枥属
别名：穗子榆

形态：落叶小乔木或灌木，高达5m；树皮暗灰褐色，浅纵裂；枝灰棕色，冬芽紫褐色，锥形。叶卵形或卵状椭圆形，长2.5~5cm，宽1.5~3.5cm，顶端锐尖或渐尖，基部近圆形或宽楔形，边缘具规则或不规则的重锯齿，背面沿脉通常疏被长柔毛；叶柄长4~10mm，疏被短柔毛。柔荑花序。果序长3~5cm，果苞变异较大，长6~20mm，宽4~10mm，内侧的基部具一个内折的卵形小裂片。小坚果宽卵形，长约3mm。花期4~5月，果期8~9月。

分布与习性：产于辽宁南部、山西、河北、河南、山东、陕西、甘肃。生于海拔500~2000m的山坡或山谷林中，山顶及贫瘠山坡也能生长。稍耐阴，喜肥沃湿润土壤。

园林应用：鹅耳枥叶形秀丽，果穗奇特，枝叶茂密，适宜丛植于庭院作园景树。

牡丹

Paeonia suffruticosa

科属： 毛茛科芍药属

形态： 落叶小灌木。生长缓慢，株型小，株高多在0.5~2m，老茎灰褐色，当年生枝黄褐色，冬芽红褐色，锥形，叶痕半月形。根肉质，粗而长，少分枝和须根，中心木质化，长度一般在0.5~0.8m，极少数根长度可达2m。二回三出羽状复叶互生，小叶阔卵形至卵状长椭圆形，先端3~5裂，基部全缘，叶背有白粉，平滑无毛。花单生枝顶，花径大型，花色有红、黄、白、粉、紫及复色，有单瓣、复瓣、重瓣和台阁型花；花萼有5片。蓇葖果成熟时开裂。花期5月，果熟期8~9月。

分布与习性： 原产中国西部及北部。喜温暖而不酷热的气候，较耐寒，喜光，在弱荫下生长最好。深根性，根肉质，喜深厚肥沃、排水良好、略带湿润的砂质壤土，最忌黏土及积水，较耐碱。精细的栽培管理寿命可达百年以上。

园林应用： 牡丹花大美丽，香色俱佳，雍容华贵，富丽端庄，常作专类花园及重点美化用，可植于花台、花池观赏。

紫斑牡丹

Paeonia rockii

科属： 毛茛科芍药属

形态： 落叶灌木，小枝圆柱形。叶互生，二回三出复叶，顶生小叶宽卵形，通常不裂，稀3裂至中部，侧生小叶长卵形或卵形，不裂或2~4浅裂。花单生枝端，花从单瓣、半重瓣到重瓣，花色有红、紫、白、粉、黑、蓝、黄和复色，花型有单瓣型、菊花型、蔷薇型、荷花型、皇冠型、托桂型、绣球型等，花瓣内面基部具有深紫色斑块。蓇葖果。花期5月，果熟期8~9月。

分布与习性： 分布于中国陕西、甘肃和河南西部，大部分品种在黑龙江可露地栽培。适宜低温和干旱气候，怕水涝，对土壤要求不严。

园林应用： 同牡丹。

花椒

Zanthoxylum bungeanum

科属： 芸香科花椒属

别名： 香椒、大花椒、山椒

形态： 落叶灌木，高3~7m，枝灰色或褐灰色有皮刺，干通常有大皮刺。奇数羽状复叶，叶轴边缘有狭翅；小叶5~11枚，纸质，卵形或卵状长圆形，长1.5~7cm，宽1~3cm，先端尖或微凹，基部近圆形，边缘有细锯齿，表面中脉基部两侧常被一簇褐色长柔毛。聚伞圆锥花序顶生，花白色或淡黄色，花被片4~8个。果球形，红色、紫红色或者紫黑色，密生疣状凸起的油点。花期3~5月，果期6~9月。

分布与习性： 分布于中国北部至西南。喜光，耐寒，耐旱，不耐涝，抗病能力强，适宜温暖湿润及土层深厚肥沃的壤土、砂壤土，萌蘖性强，隐芽寿命长。

园林应用： 可孤植，又可作防护刺篱。

枝
叶
干上有大皮刺
花序
膏葖果
园林应用
园林应用

卫矛

Euonymus alatus

科属：卫矛科卫矛属

别名：鬼箭羽、六月凌、四面锋

形态：灌木，高2~3m。干灰黑色，枝四棱形，有2~4排木栓质的阔翅。单叶对生，叶片倒卵形至椭圆形，长2~5cm，宽1~2.5cm，边缘有细尖锯齿。花黄绿色，径5~7mm，常3朵集成聚伞花序。蒴果初为绿色，后为粉红色，成熟时紫红色，深裂成4裂片，有时为1~3裂片；种子褐色，有橘红色的假种皮。花期4~6月，果熟期9~10月。

分布与习性：产于中国东北、华北、西北至长江流域各地；日本、朝鲜也有分布。适应性强，耐寒，耐庇阴环境，耐修剪，生长较慢。

园林应用：卫矛枝翅奇特，嫩叶及霜叶均紫红色，蒴果宿存很久，常作基础种植材料，也可孤植、丛植于草坪、林缘等处。

金叶莸

Caryopteris × clandonensis 'Worcester Gold'

科属：马鞭草科莸属

形态：落叶灌木，株高约1m。枝条圆柱形，小枝紫红色，有毛。单叶对生，叶楔形，叶面光滑，黄色，叶先端尖，基部钝圆形，边缘有粗齿，叶背有毛。聚伞花序，腋生于枝条上部，自下而上开放；花冠蓝紫色，高脚碟状；花萼钟状，二唇形，5裂，下裂片大而有细条状裂；花冠、雌蕊、雄蕊均为淡蓝色，花期7~9月。

分布与习性：适合在东北、华北、西北、华中地区栽种。喜光，也耐半阴，耐热、耐旱、耐寒，忌积水或土壤高湿。

园林应用：金叶莸花蓝紫色，淡雅、清香，夏末秋初开花，花期长，叶色鲜艳，可单一造型，或与其他灌木配置，也可植于草坪边缘、路旁、水边、假山旁。

木槿

Hibiscus syriacus

科属：锦葵科木槿属

别名：无穷花、沙漠玫瑰

形态：落叶灌木，高3~4m，枝直立性强，小枝密被黄色星状茸毛，冬芽卵形较小，叶痕半圆形。叶菱状至三角状卵形，常3裂，边缘有钝齿，先端钝，基部楔形，下面沿叶脉微被毛或近无毛；上面被星状柔毛；托叶线形，疏被柔毛。花单生于枝端叶腋，被星状短茸毛；花萼钟形，密被星状短茸毛；花色有粉色、藕粉、白色等，有单瓣花和重瓣花。蒴果卵圆形，密被黄色星状茸毛；种子肾形，背部被黄白色长柔毛。花期7~10月，果期10月。

分布与习性：原产东亚，中国自东北南部至华南各地均有栽培，尤其长江流域栽培较多。喜光也耐半阴，耐寒，对土壤要求不严，较耐瘠薄，能在黏重或碱性土壤中生长，不耐积水。萌蘖力强，耐修剪。对二氧化硫、氯气等有害气体具有很强的抗性，有滞尘的功能。

园林应用：木槿夏秋开花，开花时满树花朵，花期长而花朵大，常作绿篱和基础种植材料，也可丛植于草坪、林缘等处。

枝　冬芽和叶痕　叶　单瓣花　重瓣花　蒴果　蒴果　园林应用　园林应用　园林应用

木质藤本

WOODY VINE

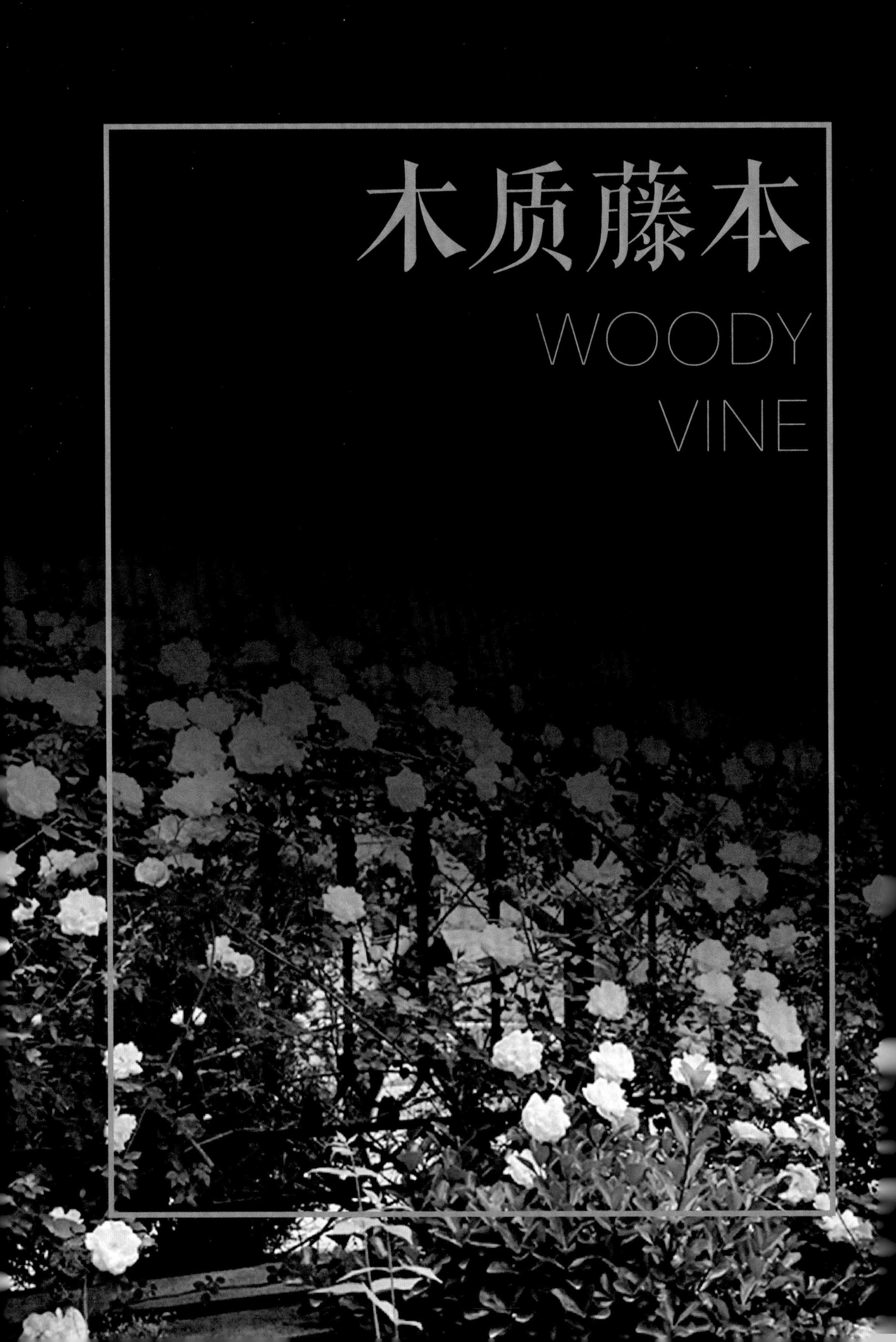

形态：木质藤本；树皮呈片状剥落；老枝灰黑色纵裂，幼枝红色，有毛或无毛，卷须分枝。单叶互生，圆卵形，宽7~15cm，3裂至中部附近，基部心形，边缘有粗齿，两面无毛或下面有短柔毛；叶柄长4~8cmn。圆锥花序与叶对生；花杂性异株，小，淡黄绿色；花萼盘形；花瓣5，长约2mm，上部合生呈帽状，早落；雄蕊5；花盘由5腺体组成；子房2室，每室有2胚珠。浆果椭圆状球形或球形，有白粉。

分布与习性：原产亚洲西部；现辽宁中部以南各地均有栽培。性喜光，喜干燥及夏季高温的大陆性气候，耐干旱，怕涝，深根性，生长快，结果早，寿命较长。

园林应用：葡萄是很好的园林棚架植物，既可观赏、遮阴，又可结合果实生产。庭院、公园、疗养院及居民区均可栽植，但最好选用栽培管理较粗放的品种。

山葡萄

Vitis amurensis

科属：葡萄科葡萄属

别名：野葡萄

形态：落叶藤本。藤可长达15m以上，树皮暗褐色或红褐色，藤匍匐或攀缘于其他树木上。卷须顶端与叶对生。单叶互生，深绿色，宽卵形，秋季叶常变红。圆锥花序与叶对生，花小而多，黄绿色，雌雄异株。果为圆球形浆果，黑紫色带蓝白色果霜。花期5~6月，果期8~9月。

分布与习性：原产中国东北、华北及朝鲜、俄罗斯远东地区。生长于海拔200~1200m的地区，多生在山坡、沟谷林中及灌丛中。适应性强，耐寒，喜湿润腐殖土，抗病性强，易于管理。

园林应用：果熟季节，串串圆圆晶莹的紫葡萄掩映在红艳可爱的秋叶之中，甚为迷人，是很好的园林棚架植物。

树皮　叶　花序　果　园林应用

形态：落叶木质藤本，藤茎长约1m。块根粗壮，肉质，数个相聚。茎多分枝，幼枝带淡紫色，光滑，有细条纹；卷须与叶对生。掌状复叶互生；小叶3~5枚，裂片卵形至椭圆状卵形或卵状披针形，边缘有深锯齿或缺刻，中间裂片最长，中轴有翅，裂片基部有关节，两面无毛。聚伞花序小，与叶对生，花序梗长3~8cm，细长，常缠绕；花小，黄绿色；花萼5浅裂；花瓣、雄蕊各5。浆果球形，径约6mm，熟时白色或蓝色，有针孔状凹点。花期5~6月，果期9~10月。

分布与习性：产亚洲东部及北部，中国自东北经河北、山东到长江流域、华南均有分布。植株强健，耐寒。

园林应用：在园林绿地及风景区可用作棚架绿化材料，也可植于山坡、路旁或林缘，颇具野趣。

白蔹

Ampelopsis japonica

科属：葡萄科蛇葡萄属

别名：山地瓜、野红薯、山葡萄秧

幼枝

掌状复叶，中轴有翅

花序

浆果

浆果

园林应用

园林应用

地锦

Parthenocissus tricuspidata

科属： 葡萄科爬山虎属

别名： 爬墙虎、爬山虎

形态： 落叶木质藤本。藤茎可长达18m。树皮灰黑色，有皮孔，髓白色。枝条粗壮，老枝灰褐色，幼枝紫红色，芽紫褐色，卵形，半圆形叶痕明显；枝具卷须，与叶对生，多分枝，先端具黏性吸盘，吸附他物。叶宽卵形或3裂，缘有粗锯齿，基部心形。花多为两性，雌雄同株，聚伞花序，长4~8cm，较叶柄短；萼全缘；花瓣顶端反折。浆果球形，熟时蓝黑色，被白粉。花期6月，果期9~10月。

分布与习性： 原产于亚洲东部、喜马拉雅山区及北美洲，中国各地广泛栽培。适应性强，喜阴湿环境，不怕强光，耐寒，耐旱，耐修剪，怕积水，对土壤要求不严，对二氧化硫等有害气体有较强的抗性。

园林应用： 能借助吸盘爬上墙壁或山石，枝繁叶茂，层层密布，入秋叶色变红，格外美观，常用作垂直绿化材料。

五叶地锦

Parthenocissus quinquefolia

科属： 葡萄科爬山虎属

别名： 五叶爬山虎、美国地锦

形态： 落叶木质藤本。老枝灰褐色，具突起皮孔，幼枝带紫红色，髓白色；冬芽卵形，褐色，叶痕半圆形，明显。卷须与叶对生，顶端吸盘大。掌状复叶，具5小叶，小叶长椭圆形至倒长卵形，先端尖，基部楔形，缘具大齿牙，叶面暗绿色，叶背稍具白粉并有毛。聚伞花序集成圆锥状。浆果球形，蓝黑色，被白粉。花期6月，果期10月。

分布与习性： 分布于北美和亚洲。喜阴湿环境，耐寒，耐旱，怕涝，耐修剪，对土壤要求不严，气候适应性广泛。

园林应用： 蔓茎纵横，翠叶遍盖如屏，秋后入冬，叶色变红或黄，十分艳丽，是垂直绿化主要树种之一。

老枝　冬芽和叶痕　卷须　叶　花序　浆果　园林应用　园林应用

五味子

Schisandra chinensis

科属：木兰科五味子属

别名：北五味子、山花椒、乌梅子

形态：落叶木质藤本，高达8m，最高可达15m。老藤皮暗褐色，幼茎紫红色或淡黄色，密布圆形凸出的皮孔，茎柔软坚韧，右旋缠绕，具地下匍匐茎。单叶互生，倒卵形或椭圆形，长5~9cm，宽2.5cm，先端锐尖，基部楔形，叶缘有具腺点的疏细齿；叶面绿色，有光泽，叶背淡绿色，沿脉有疏毛，叶柄长2~3cm。花单性，多雌雄同株，罕异株，花被6~9，乳白色，雄蕊5~6，长约2mm，雌蕊的心皮离生，集合排在凸起的花托上。聚合浆果近球形，成熟时为艳红色，径约1cm，有1~2粒种子，肾形，淡橘黄色，表面光滑。花期5~6月，果期8~9月。

分布与习性：五味子集中在黄河流域以北，主要分布于东北、华北，其中东北是五味子最集中地区。在自然界常缠绕他树生长，多生于山之阴坡。喜光，耐半阴，耐寒性强，喜适当湿润而排水良好的土壤。

园林应用：果实成串，鲜红而美丽，可作庭园观果树种。

幼茎右旋缠绕　叶　聚合浆果　花　园林应用

藤本月季

Rosa chinensis

科属：蔷薇科蔷薇属

别名：藤蔓月季、爬藤月季、爬蔓月季

形态：植株呈藤状或蔓状，姿态各异，可塑性强，短茎的品种枝长只有1m，长茎的达5m，少数品种可达10m以上。其茎上有疏密不同的尖刺，形态有直刺、斜刺、弯刺、钩形刺，依品种而异。奇数羽状复叶，互生，小叶卵形，边缘有锯齿；托叶大部贴生于叶柄，仅顶端分离部分成耳状，边缘常有腺毛。花单生、聚生或簇生，花茎从2.5cm至14cm不等，花色有红、粉、黄、白、橙紫、镶边色、原色、表背双色等，十分丰富，花型有杯状、球状、盘状、高芯等。梨果红色。花期5~9月，果期10月。

分布与习性：原种主产于北半球温带、亚热带，中国为原种分布中心。现代杂交种类广布欧洲、美洲、亚洲、大洋洲，尤以西欧、北美和东亚为多。中国各地多栽培，以河南南阳最为集中。耐寒（比原种稍弱），喜光，喜肥，要求土壤排水良好。

园林应用：藤本月季花多色艳，全身开花，花头众多，甚为壮观，多攀附于各式通风良好的架、廊之上，可形成花球、花柱、花墙、花海、拱门形、走廊形等景观。

紫藤

Wisteria sinensis

科属：豆科紫藤属

别名：藤萝、朱藤

形态：落叶攀缘缠绕性大藤本植物，干皮深灰色，不裂。嫩枝暗黄绿色，密被柔毛，冬芽扁卵形，褐色，密被柔毛。奇数羽状复叶互生，小叶对生，有小叶7~13枚，卵状椭圆形，先端长渐尖或突尖，叶表无毛或稍有毛，叶背具疏毛或近无毛，小叶柄被疏毛。侧生总状花序，长达15~25cm，呈下垂状，总花梗、小花梗及花萼密被柔毛，花紫色或深紫色。荚果扁圆条形，长达10~25cm，密被黄色茸毛，种子扁球形、黑色。花期4~5月，果熟8~9月。

分布与习性：原产中国，朝鲜、日本亦有分布。华北地区多有分布，以河北、河南、山西、山东最为常见。适应性强，较耐寒，能耐水湿及瘠薄土壤，喜光，较耐阴。主根深，侧根浅，不耐移栽。生长较快，寿命很长。

园林应用：春季紫花烂漫，适栽于湖畔、池边、假山、石坊等处，攀附于各式通风良好的架、廊之上，呈现垂直绿化景观。

干皮　冬芽　叶　花序　荚果　园林应用　园林应用　园林应用

南蛇藤

Celastrus orbiculatus

科属：卫矛科南蛇藤属

别名：过山枫、挂廓鞭、香龙草

形态：落叶藤本。老枝灰黑色，纵裂；小枝褐色，当年生枝圆，绿色，有皮孔；冬芽深褐色，先端尖。单叶互生，叶通常阔倒卵形，近圆形或长方椭圆形，长5~13cm，宽3~9cm，先端圆阔，具有小尖头或短渐尖，基部阔楔形到近钝圆形，边缘具锯齿，两面光滑无毛或叶背脉上具稀疏短柔毛。聚伞花序腋生，间有顶生，花序长1~3cm，小花黄绿色。蒴果近球状，橙黄色，直径8~10mm，成熟时开裂，露出红色假种皮；种子椭圆状稍扁，长4~5mm，直径2.5~3mm，赤褐色。花期5~6月，果期7~10月。

分布与习性：中国各地均有分布。一般多野生于山地沟谷及林缘灌木丛中。垂直分布可达海拔1500m。喜阳耐阴，抗寒耐旱，对土壤要求不严。

园林应用：南蛇藤秋季叶片经霜变红或变黄时，成熟的累累硕果，美丽壮观，是良好的攀缘绿化材料。

软枣猕猴桃

Actinidia arguta

科属：猕猴桃科猕猴桃属

别名：猕猴梨、软枣子

形态：落叶大藤本，藤茎长达30m。皮淡灰褐色，片裂，具长圆状浅色皮孔。叶革质或纸质，卵圆形、椭圆形或长圆形，长5~6cm，宽3~10cm，边缘有锐锯齿。腋生聚伞花序，花3~6朵，直径1.2~2cm；萼片5；花瓣5，白色，倒卵圆形；雄蕊多数。浆果球形至长圆形，两端稍扁平，顶端有钝短尾状喙。花期6~7月，果期8~9月。

分布与习性：分布于中国东北、华北、西北以及长江流域各地，生于阔叶林或针阔混交林中。喜阳光充足、凉爽、湿润的环境。

园林应用：软枣猕猴桃是优良耐寒垂直绿化树种，用于庭院、门前、路边、墙壁和楼台的绿化。

美国凌霄

Campsis radicans

科属：紫葳科凌霄属

别名：美洲凌霄、洋凌霄

形态：落叶藤本，藤茎长可达10m，枝黄褐色，片裂，有气生根。叶痕圆形，下凹。奇数羽状复叶，对生，小叶9~13枚，椭圆形至卵圆形，长3~6cm，叶轴及叶背均生短柔毛，缘疏生4~5粗锯齿。花数朵集生成短圆锥花序；萼片裂较浅，深约1/3，黄色；花冠筒状漏斗形，径约4cm，通常外面橘黄色，裂片鲜红色。蒴果筒状长圆形，先端尖。花期6~8月，果期9~10月。

分布与习性：原产美国，中国各地引入栽培。喜光，稍耐阴，耐寒力较强，北京可露地越冬，耐干旱，也耐水湿，对土壤要求不严，深根性，萌蘖力、萌芽力强。

园林应用：美国凌霄枝叶繁茂，花色鲜艳，花形美丽，且花期长，可植于花架、花廊、假山、枯树或墙垣边。

金银花

Lonicera japonica

科属： 忍冬科忍冬属
别名： 忍冬、金银藤

形态： 半常绿藤本；幼枝红褐色，密被黄褐色毛，冬芽锥形，芽鳞松散。单叶对生，叶纸质，卵形至矩圆状卵形，极少有1至数个钝缺刻，长3~8cm，顶端尖或渐尖，基部圆或近心形，上面深绿色，下面淡绿色。花成对腋生，苞片叶状；萼筒无毛，花冠二唇形，上唇4裂而直立，下唇反转，花冠筒与裂片等长，初为白色略带紫晕，后变黄色，芳香。浆果球形，直径6~7mm，两个离生，熟时蓝黑色，有光泽；种子卵圆形或椭圆形，褐色，长约3mm，中部有一凸起的脊，两侧有浅的横沟纹。花期4~6月，果熟期10~11月。

分布与习性： 中国各地均有分布。生于山坡灌丛或疏林中、乱石堆、山脚路旁及村庄篱笆边，海拔最高达1500m。适应性很强，喜光、耐阴，耐寒性强，耐干旱和水湿，对土壤要求不严。根系繁密发达，萌蘖性强，茎蔓着地即能生根。

园林应用： 金银花植株轻盈，藤蔓缭绕，花先白后黄，清香，可布置庭园、屋顶花园，制作桩景。

幼枝　冬芽　叶
花　花　浆果
园林应用　园林应用

爬行卫矛

Euonymus fortunei var. *radicans*

科属： 卫矛科卫矛属
别名： 小叶扶芳藤

形态： 常绿木质藤本。茎匍匐或攀缘，长可达10m。枝绿色，密生小瘤状突起，并能随处生多数细根，芽锥形，芽鳞明显。单叶对生，革质，长卵形至椭圆状倒卵形，长2~7cm，缘有钝齿，基部广楔形，表面通常浓绿色，背面脉不明显；叶柄长约5mm。聚伞花序分枝端有多数短梗花组成的球状小聚伞；花绿白色，径约4mm，花瓣4枚。蒴果近球形，种子外被橘红色假种皮。花期6~7月，果期9~10月。

分布与习性： 分布于中国华北、华东、中南、西南各地，辽宁南部常作半常绿栽培。喜温暖湿润，较耐寒，耐阴，不喜阳光直射，容易繁殖。

园林应用： 爬行卫矛抗性强，且寿命长，是垂直绿化和地面覆盖的优良植物。

参考文献

[1]陈有民. 园林树木学[M]. 修订版. 北京：中国林业出版社, 2013.
[2]王庆菊, 张咏新. 园林树木[M]. 2版. 北京：化学工业出版社, 2018.
[3]李进进, 马书燕. 园林树木[M]. 北京：中国水利水电出版社, 2012.01.
[4]王庆菊, 刘杰. 园林树木北方本[M]. 北京：中国农业大学出版社, 2017.
[5]王永. 园林树木[M]. 北京：中国电力出版社, 2009.
[6]闫双喜, 谢磊. 园林树木学[M]. 北京：化学工业出版社, 2016.
[7]邱国金. 园林树木[M]. 北京：中国林业出版社, 2005.
[8]赵九洲. 园林树木[M]. 3版. 重庆：重庆大学出版社, 2014.
[9]李作文, 汤天鹏. 中国园林树木[M]. 沈阳：辽宁科学技术出版社, 2008.
[10]http://blog. sina. com. cn/s/articlelist_6311983132_0_16. html.
[11]http://blog.sina.com.cn/s/articlelist_1937131631_0_1.html
[12]http://blog.sina.com.cn/s/articlelist_3438192280_0_1.html.

中文名索引

拉丁名索引